CAD/CAM 软件精品教程系列

Mastercam X5
实用教程

段 辉 主 编

汤爱君 吕英波 副主编

Publishing House of Electronics Industry

北京 · BEIJING

内 容 简 介

本书面向 Mastercam 初级读者，全书分为 11 章，可以分成四大部分：

第一部分是 Mastercam X5 基础部分。包括了第 1 章，重点介绍 Mastercam X5 的人机交互界面、工作环境、文件管理等基本概念和操作。

第二部分为 CAD 部分。包括第 2～7 章，介绍 Mastercam X5 提供的 CAD 设计功能，即二维图形构建、基本图形编辑、图形标注及填充、曲面造型、三维实体建模、三维实体编辑。

第三部分为 CAM 部分。包括第 8～10 章，介绍 Mastercam X5 数控加工功能，即数控加工设置、二维铣削加工、曲面加工。

第四部分是 Mastercam X5 综合应用部分。包括第 11 章，介绍了一个综合应用实例。

本书最大的特点就是打破了传统书籍的讲解方法，以大量实例的方式讲解了 Mastercam X5 基本功能的应用与操作，并通过提示、技巧和注意等形式指导读者对重点知识的理解，从而能够真正运用到实际产品的设计和生产中去。

本书内容翔实、安排合理、图解清楚、讲解透彻、案例丰富实用，能够使读者快速、全面地掌握 Mastercam X5 各主要功能的应用。它既可以作为各类职业技术院校和培训机构的教学用书，也可作为工程技术人员的参考书。

图书在版编目（CIP）数据

Mastercam X5 实用教程 / 段辉主编．—北京：电子工业出版社，2013.8

CAD/CAM 软件精品教程系列

ISBN 978-7-121-21233-8

Ⅰ. ①M… Ⅱ. ①段… Ⅲ. ①计算机辅助制造－应用软件－中等专业学校－教材 Ⅳ. ①TP391.73

中国版本图书馆 CIP 数据核字（2013）第 186756 号

策划编辑：张　凌
责任编辑：白　楠
印　　刷：北京盛通数码印刷有限公司
装　　订：北京盛通数码印刷有限公司
出版发行：电子工业出版社
　　　　　北京市海淀区万寿路 173 信箱　邮编　100036
开　　本：787×1 092　1/16　印张：14.5　字数：371.2 千字
版　　次：2013 年 8 月第 1 版
印　　次：2024 年 7 月第 12 次印刷
定　　价：29.00 元

前　言

内容和特点

Mastercam 是由美国 CNC Software NC 公司开发的基于 PC 平台上的 CAD/CAM 一体化软件，是目前国内外制造业最广泛采用的软件之一，主要用于机械、电子、汽车、航空等行业，特别是在模具制造业中应用尤为广泛。

该公司于 2010 年底推出了 Mastercam 的最新产品——Mastercam X5。Mastercam X5 继承了 Mastercam 的一贯风格和绝大多数的传统设置，使用户的操作更加合理、便捷、高效。本书作者在多年教学经验与科研成果的基础上编写了此书，全面翔实地介绍了 Mastercam X5 的功能及其使用方法，可以使读者快速、全面地掌握 Mastercam X5，并加以灵活应用。

本书结构清晰、内容翔实，实例丰富。在每一章的开始简要概括了本章将介绍的内容，使学习者做到心中有数；每一章均将重点放在实例上，以大量的实例介绍每一个 Mastercam 功能，介绍过程中还配有大量插图给予说明。

实例是本书的最大特点之一，因此具有很强的可读性和实用性。但本书所介绍的 Mastercam X5 软件只是反映了现阶段的开发成果，随着新成果的推出，必定有更新版本的说明。

读者对象

- 学习 Mastercam 的初级读者
- 大中专院校机械相关专业的学生
- 从事数控加工的工程技术人员

本书既可以作为职业技术院校相关专业的教材，也可以作为读者自学的教程，同时也非常适合作为专业人员的参考手册。

为了方便读者学习，配套光盘中包含了本书主要实例的源文件，这些文件都被保存在与章节相对应的文件夹中，读者可以直接将这些源文件在 Mastercam X5 环境中运行或修改。

本书由山东建筑大学段辉主编，汤爱君、吕英波任副主编，参与编写的还有王全景、管殿柱、宋一兵、付本国、赵秋玲、赵景伟、赵景波、张洪信、王献红、张忠林、王臣业、谈世哲、程联军、初航。

感谢您选择了本书，希望我们的努力对您的工作和学习有所帮助，也希望您把对本书的意见和建议告诉我们。

零点工作室网站地址：www.zerobook.net
零点工作室联系信箱：gdz_zero@126.com

零点工作室
2013 年 6 月

目 录

Contents

第 *1* 章

Mastercam X5 基础

本章主要介绍 Mastercam X5 的基础知识和最基本的操作命令。通过本章的学习，读者可以了解 Mastercam X5 软件的功能特点以及最常用的操作。

本章重点包括：Mastercam X5 工作界面、文件管理、设置图素属性、设置坐标系、图层、系统配置。

1.1 Mastercam 简介

Mastercam 是美国 CNC 软件公司推出的用于个人电脑的 CAD/CAM 一体化软件，其第一个版本产生于 1984 年，随着不断改进和版本升级，软件功能日益完善。目前版本的 Mastercam 软件具有如下特点：

- 性价比优良
- 硬件要求相对不高
- 操作方式灵活
- 运行效果稳定
- 易学易用

基于以上特点，Mastercam 已成为国内外制造业最广泛采用的 CAD/CAM 集成软件之一。

Mastercam 包含丰富的模块，其中常用的有铣削、车削、实体造型、线切割、雕刻等。Mastercam X5 版本是 2010 年底推出的，该版本将 Design（设计）、Mill（铣削加工）、Lathe（车削加工）、Wire（线切割）、Router（雕刻）几大模块集成到一个平台上，使用户操作更加方便。由于几个模块的集成，Mastercam X5 主菜单中增加了【机床类型】菜单供用户选择。

Mastercam X5 中所有的模块可以分为 CAD 和 CAM 两大类，本书主要讲解应用最广泛的 CAD 部分的实体模块和 CAM 部分的铣削模块。

实体模块的作用是用来进行曲面或者实体的构建的。

铣削模块可以用来实现挖槽、外形铣削、钻孔、曲面粗加工、曲面精加工、多轴加工等各种数控加工的刀具轨迹生成和加工仿真，如图 1-1～图 1-4 所示。

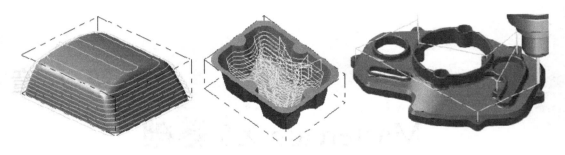

图 1-1　挖槽、外形铣削和钻孔

图 1-2　曲面粗加工

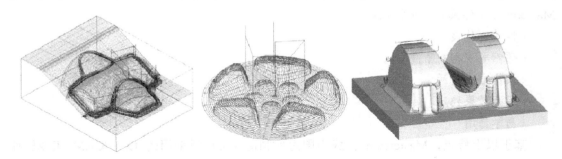

图 1-3　曲面精加工

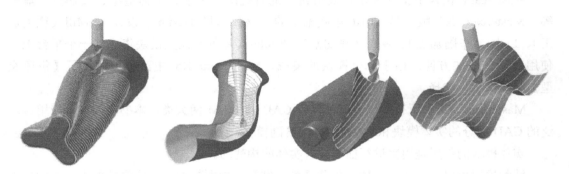

图 1-4　多轴加工

1.2 Mastercam X5 的操作界面

Mastercam X5 的操作界面如图 1-5 所示，主要包括以下几部分。

1．标题栏

标题栏用来显示当前文件的名称、文件路径，当文件没有被保存时，标题栏仅显示当前软件的版本。

2．主菜单

主菜单包含软件中的文件、编辑、视图、分析、绘图、实体、转换、机床类型、刀具路径、屏幕、浮雕、设置、帮助等功能模块。

3．工具栏

工具栏以工具条的形式显示，每个工具条中包含了一系列相关的工具按钮，用户可以将工具条移动到合适的位置，也可以在工具条中增、减工具按钮。

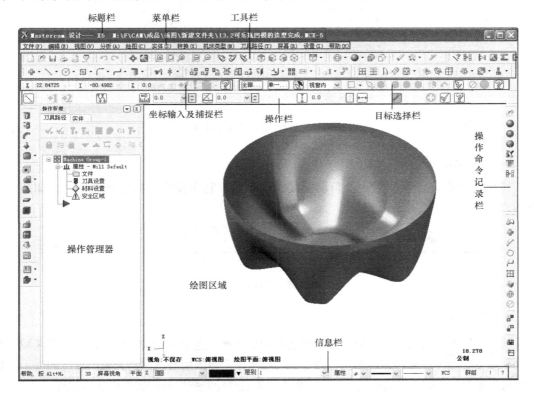

图 1-5　Mastercam X5 操作界面

4．坐标输入及捕捉栏

紧接工具栏下面的是坐标输入及捕捉栏，它主要起坐标输入及绘图捕捉的功能，如图 1-6 所示。

图 1-6　坐标输入及捕捉栏

-  用于快速目标点坐标输入。
- 用于自动捕捉设置，单击后弹出如图 1-7（a）所示的自动捕捉设置对话框。
- 用于手动捕捉设置，单击右方箭头后弹出如图 1-7（b）所示的手动捕捉菜单。

（a）自动捕捉设置　　　　　（b）手动捕捉设置

图 1-7　自动及手动捕捉设置

5．目标选择栏

目标选择栏位于坐标输入及自动捕捉栏的右侧，它主要有目标选择的功能，如图 1-8 所示。

图 1-8　目标选择栏

6．操作栏

操作栏显示当前操作的参数。操作栏是子命令选择、选项设置及人机对话的主要区域，在未执行命令时处于屏蔽状态，而执行命令后将显示该命令的所有选项，并做出相应的提示，其显示内容根据命令的不同而不同。如图 1-9 所示为选择绘制线段时的操作栏显示状态。

图 1-9　操作栏

7．操作管理器

操作管理器用于对执行的操作进行管理。操作管理器会记录大部分操作，可以在其中对操作进行重新编辑和定义。例如，通过操作管理器可以对先前生成的刀具路径参数进行修改，并重新生成刀具路径；可以模拟加工、对操作加工进行后处理等。操作管理器如图 1-10 所示。

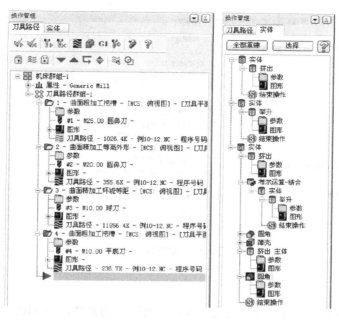

图 1-10　操作管理器

8．信息栏

信息栏显示当前操作的提示信息、构图面信息、层别信息、属性信息等。在信息栏中包含一系列的工具，如图层工具、颜色工具、线型工具等，如图 1-11 所示。

图 1-11　信息栏

9．绘图区域

绘图区域相当于工程图纸，用来绘制和操作图形。绘图区域左下角的坐标系方向代表了当前图形的视角方向。在绘图区域中单击鼠标右键，可以显示相应的快捷菜单。

10．操作命令记录栏

显示界面的右侧是操作命令记录栏，用户在操作过程中最近所使用过的 10 个命令逐一记录在此操作栏中，用户可以直接从中选择最近使用的命令，提高了选择命令的效率。

1.3　Mastercam X5 的文件管理

常用的文件管理命令有新建文件、打开文件、保存文件、输（汇）入目录、输（汇）出目录等命令，Mastercam X5 的文件管理菜单如图 1-12 所示。

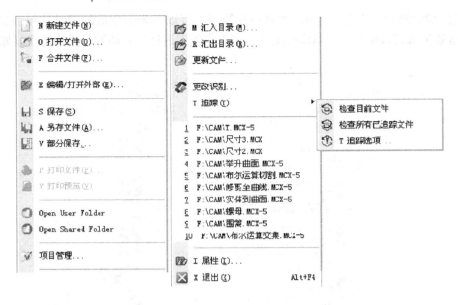

图1-12　文件管理菜单

1. 打开文件

Mastercam X5 不但可以打开目前版本和以前版本的文件，如 MCX、MC9、MC8，而且可以打开其他软件的文件格式。

选择【文件】/【打开文件】命令，如图 1-13 所示。

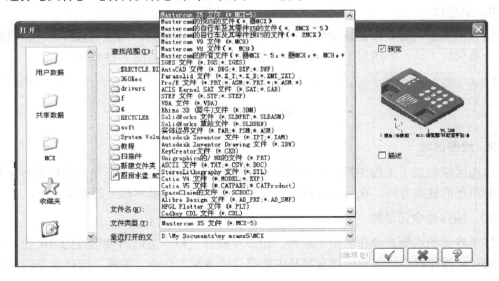

图1-13　打开文件

2. 保存文件

Mastercam X5 不但可以将文件保存为目前版本和以前版本的文件，如 MCX、MC9、

MC8，而且可以保存为其他软件的文件格式，实现与其他软件的共享交换。

选择【文件】/【保存文件】命令，如图1-14所示。

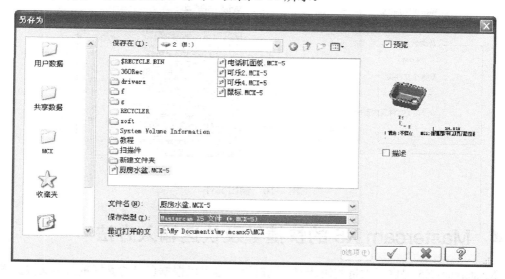

图1-14 保存文件

3．输入/输出文件

输入/输出文件功能可以批量导入和导出其他格式的文件，指定好文件夹，即可将该文件夹中的所有文件导入或导出。

选择【文件】/【汇入目录】命令，如图1-15所示。

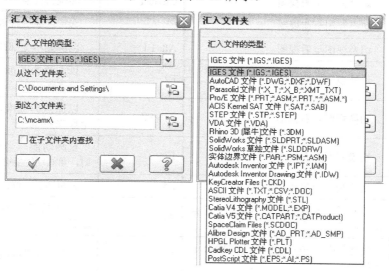

图1-15 输入文件

选择【文件】/【汇出目录】命令，如图1-16所示。

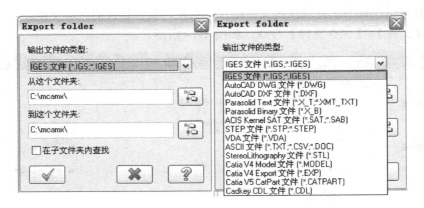

图 1-16 输出文件

1.4 Mastercam X5 的快捷键及快速输入方法

Mastercam X5 提供了大量的快捷键，同时用户也可以根据自己的喜好重新定义快捷键。

1. 常用默认快捷键

在默认情况下，Mastercam X5 常用快捷键见表 1-1。

表 1-1 Mastercam 常用快捷键

快 捷 键	功 能	快 捷 键	功 能
Alt+1	切换视图至俯视图	Ctrl+F1	环绕目标点进行放大
Alt+2	切换视图至前视图	F1	选定区域进行放大
Alt+3	切换视图至后视图	Alt+F1	全屏显示全部图素
Alt+4	切换视图至底视图	F2	以原点为基准，将视图缩小至原来的 50%
Alt+5	切换视图至右视图	Alt+F2	以原点为基准，将视图缩小至原来的 80%
Alt+6	切换视图至左视图	F3	重画功能，当屏幕垃圾较多时，重画功能能够重新显示屏幕
Alt+7	切换视图至等轴视图	F4	分析图素，修改图素的属性
Alt+A	打开【自动存档】对话框，设置自动保存参数	Alt+F4	关闭功能，退出 Mastercam 软件
Alt+C	选择并执行动态连接库（CHOOKS）程序	F5	将选定的图素删除
Alt+D	打开【Drafting】对话框，设置工程制图的各项参数	Alt+F8	对 Mastercam 系统参数进行规划
Alt+E	启动图素隐藏功能，将选取的图素隐藏	F9	显示或隐藏基准对象

续表

快 捷 键	功 能	快 捷 键	功 能
Alt+G	打开【栅格参数】对话框，设置栅格捕捉的各项参数	Alt+F9	显示所有的基准对象
Alt+H	启动在线帮助功能	左箭头	将视图向左移动
Alt+O	打开或关闭【操作管理器】对话框	右箭头	将视图向右移动
Alt+P	自定义视图，可以将视图切换至自定义视图状态	上箭头	将视图向上移动
Alt+S	实体着色显示	下箭头	将视图向下移动
Alt+T	控制刀具路径的显示与隐藏	Page Up	将视图放大
Alt+U Ctrl+U Ctrl+Z	回退功能，取消当前操作恢复到上一步操作	Page Down	将视图缩小
Alt+V	打开帮助文件，显示当前帮助内容	Esc	结束正在执行的命令
Alt+X	设置颜色/线型/线宽/图层	End	自动旋转视图
Alt+Z	打开【图层管理】对话框进行图层设置	Ctrl+V	粘贴功能，将剪贴板中的图素复制到当前环境中
Alt+A	选取所有图素	Ctrl+X	剪切功能，将图素剪切到剪贴板中
Ctrl+C	复制功能，将图素复制到剪贴板中	Ctrl+Y	向前功能，恢复已经撤销的操作
Shift+Ctrl+R	刷新屏幕，清除屏幕垃圾		

2. 自定义快捷键

选择主菜单中的【设置】/【定义快捷键】命令，打开【设置快捷键】对话框，按如图 1-17 所示设置快捷键。

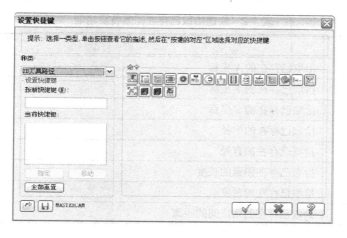

图 1-17　设置快捷键

3．Mastercam X5 的快速输入方法

在 Mastercam X5 中，可以通过键盘快速、精确地输入坐标点、Z 向控制深度等。

【例 1-1】 输入坐标为（10，10）的点。

[1] 选择【主菜单】/【绘图】/【绘点】/【绘点】命令。

[2] 单击【坐标输入及捕捉栏】中的快速绘点按钮，在弹出的空白窗口中直接输入坐标值。

[3] 通过键盘直接输入"10，10"，按下回车键后，在绘图区得到所需点，操作过程如图 1-18 所示。

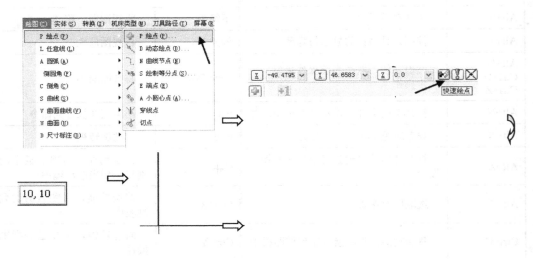

图 1-18 快速输入坐标点

4．Mastercam X5 的快速拾取方法

Mastercam X5 提供了 8 种快速拾取已存在图素特征的功能，见表 1-2，如拾取已存在的角度、圆直径等，可以加速操作。

表 1-2 快速拾取已存在图素特征功能

快 捷 键	功 能
"X" 或 "x"	拾取已存在的 X 坐标
"Y" 或 "y"	拾取已存在的 Y 坐标
"Z" 或 "z"	拾取已存在的 Z 坐标
"R" 或 "r"	拾取已存在的半径
"D" 或 "d"	拾取已存在的直径
"L" 或 "l"	拾取已存在图素的长度
"A" 或 "a"	拾取已存在的角度
"S" 或 "a"	拾取已存在的两点间的距离

【例 1-2】 应用表 1-2 中快速拾取功能的操作步骤。

[1] 进入相应的绘图状态，如执行绘制直线命令。

[2] 在操作栏相应区域单击鼠标右键，会弹出如图 1-19 所示的菜单，单击相应选项或者按相应快捷键。

图 1-19　快速拾取菜单

[3] 用鼠标在绘图区拾取与快捷键功能对应的图素，在操作栏显示所选图素的数值，按回车（Enter）键。

[4] 相应的图素将被绘制。

【例 1-3】　应用快速拾取功能中的极坐标方法绘制一条直线，直线的一端点为（2，2），角度为图 1-20 中两直线之间的夹角，直线的长度为图 1-20 中圆的直径。

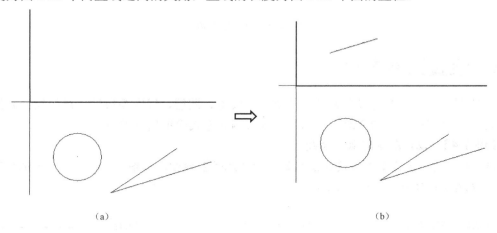

（a）　　　　　　　　　　　　　　　　（b）

图 1-20　实例

[1] 选择 【主菜单】/【绘图】/【任意线】/【绘制任意线】命令，此时会弹出直线命令操作栏。

[2] 通过键盘输入：（2,2）回车键，然后将光标移动到如图 1-21 所示区域，单击鼠标右键，按快捷键"D"，然后选择图 1-20 中的圆。

[3] 在图 1-22 所示区域，单击鼠标右键，按快捷键"A"，选择【两线】，然后逆时针

依次选取图 1-21 中的两条直线，单击☑按钮，即可绘制如图 1-20（b）所示的直线。

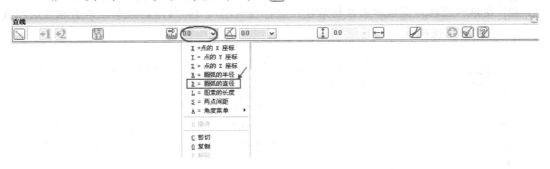

图 1-21　快速拾取长度

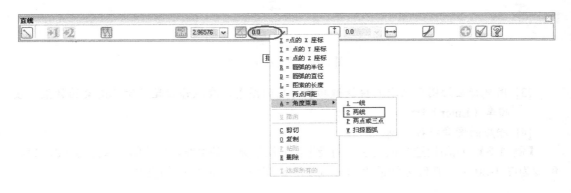

图 1-22　快速拾取角

1.5　设置图素属性

在绘图前，一般要先设置好图素的颜色、线型、图层、线宽等属性，已经绘制完的图素也可以进行这些属性的修改。下面我们以实例的方式简单加以说明。

【例 1-4】　设置图素的颜色及线型。

[1] 单击【绘图区】下方【状态栏】中的【属性】按钮，如图 1-23 所示。系统会弹出【属性】对话框，如图 1-24 所示。

图 1-23　状态栏

[2] 单击【属性】对话框中的颜色按钮██，系统弹出【颜色】对话框，如图 1-25 所示，选择所需颜色，单击【确定】按钮☑。

[3] 单击【属性】对话框中的【线型】选项右侧的箭头，系统弹出如图 1-26 所示的线型图，选择所需线型，单击【属性】对话框中的【确定】按钮☑即可。

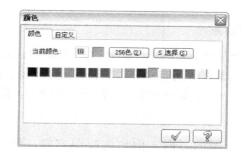

图 1-24 【属性】对话框   图 1-25 【颜色】对话框

【例 1-5】 将图素 1 的属性改成与图素 2 一致。

[1] 鼠标右键单击【绘图区】下方【状态栏】中的【属性】按
钮，系统会提示：选择要改变属性的图素 ，此时选择图素 1，选择
完成后，单击【结束选择】按钮 ⬤ ，系统弹出【属性】对话
框。

[2] 单击【属性】对话框中的【参考某图素】图标，然后选择图
素 2，单击【确定】按钮 ✓ 即可。

图 1-26 线型设置

📖 提示：上面两个例子一个是鼠标左键单击【属性】，另一个是鼠标右键单击【属性】，在
Mastercam 中前者表示新建属性，后者表示更改已有图素的属性。

📖 提示：Mastercam X5 中某些命令的中文名称不够规范，是因为目前该软件尚无官方简体中文
版本，而是经过后期汉化完成的。

其他图素属性的设置和更改和上面类似，这里不再赘述。

1.6 坐标系

任何绘图软件在绘图之前都要设定一个合适的坐标系，Mastercam X5 同样如此，关
于坐标系有以下几个概念需要了解。

1. 构图平面

构图平面是指当前要使用的绘图平面，与工作坐标系平行。设置好构图平面后，则绘
制出的所有图形都在构图平面上。

2. Z 深度

Z 深度是指所绘制的图形所处的三维深度，是设置的工作坐标系中的 Z 轴坐标。

Z 深度的设置方法：单击【坐标输入及捕捉栏】或者【信息栏】中的 Z，直接从键盘
输入数值，如图 1-27 所示，或者在屏幕选择已经存在的点来设定工作深度。

图 1-27　设置 Z 深度

3．工作坐标系

工作坐标系是在设置构图平面时所建立的坐标系。在工作坐标系中，不管构图平面如何设置，总是 X 轴的正方向朝右，Y 轴的正方向朝上，Z 轴的正方向垂直屏幕指向用户。Mastercam 另有一个系统坐标系，它是固定不变的，满足右手法则。

4．视角

视角是指绘图的方向，例如主视图方向、俯视图方向或者左视图方向等。单击WCS，系统会弹出【视角设定】快捷菜单，如图 1-28 所示。

单击视角设定菜单里的【打开视角管理器】选项，系统弹出【视角管理器】对话框，如图 1-29 所示，可以从中选择一个系统设定好的坐标系作为当前工作坐标系。

图 1-28　【视角设定】菜单　　　　　　　图 1-29　【视角管理器】对话框

1.7　图层

在【信息栏】中单击【层别】栏目，弹出如图 1-30 所示的【层别管理】对话框，图中只有一个图层，也是主图层，用黄色高亮显示，在【突显】列中带有"X"，表示该层是可见的。

如果要新增图层，只需要在【层别号码】输入栏中输入要新建的图层号，并且在【名称】输入栏中输入该层的名称，这样就新建了一个图层。

图 1-30　【层别管理】对话框

如果要使某一层作为当前的工作层，只需要在【次数】列中单击该层的编号即可，该层就以黄色高亮显示，即表明该层已经作为当前的工作层。

如果要显示或者隐藏某些层，只需在【突显】列中，单击需要显示或者隐藏的层，取消该层的"X"即可。单击【全部开】按钮，可以设置所有的图层都可见；单击【全部关】按钮，可以将除了当前工作图层之外的所有图层隐藏。

如果要将某个图层中的元素移动到其他图层，可以首先选择需要移动的元素，接着在状态栏上用鼠标右键单击【层别】命令，弹出如图 1-31 所示的【改变层别】对话框，选中【移动】或【复制】单选按钮。在【层别编号】输入栏中输入需要移动到的图层，单击【确定】按钮

图 1-31　【改变层别】对话框

，完成图层的移动。

1.8　系统配置

用户可以根据自己的实际需求对系统进行整体规划，可以进行刀路模拟设置、CAD设置、颜色设置、公差设置等，如图 1-32 所示。

以颜色设置为例，将绘图背景颜色修改为白色时，选择【设置】/【系统配置】命令，打开【系统配置】对话框，如图 1-33 所示。

【系统配置】对话框的【主题】栏中的各主要选项含义介绍如下。

● CAD 设置：设置 CAD 绘图时图素的显示方式，如线型、曲面显示密度等。
● 标注与注释：设置标注的属性、标注文本、尺寸标注、注解文本、引导线/延伸线等各部分参数，例如，可以设置标注尺寸的小数点位数、标注比例等。
● 传输：设置计算机和机床之间默认的传输参数，如格式参数、端口参数等。

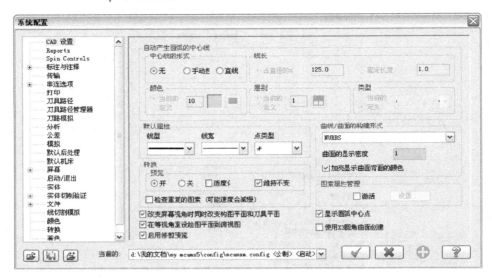

图 1-32　系统配置

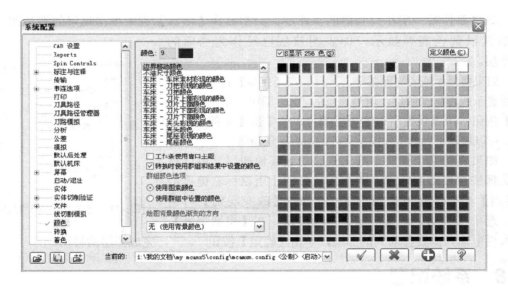

图 1-33　【系统配置】对话框

- **串连选项**：设置串连选择的各部分默认参数，如串连方向、串连模式等。
- **打印**：设置打印的各项参数，如打印线宽和颜色等。
- **刀具路径**：设置创建或模拟刀具路径时的相关参数，例如，可以设置模拟刀具路径时，刀具的运动形式为持续或步进等。
- **刀具路径管理器**：定义默认的机床群组名称、刀具路径群组名称、NC 文件名称以及附加值等。
- **刀路模拟**：设置在模拟刀具路径时刀具的各部分显示方式，如快速步进量、夹头颜色等。

- 公差：设置 Mastercam 执行操作时的精度，例如，可以设置串连公差、刀具路径公差等。
- 默认后处理：对输出的后处理文件摘要进行定义，例如，输出 NC 文件时，是否要询问或编辑等。
- 默认机床：选择默认的铣削机床类型、车床类型、雕铣机床类型、线切割机床类型等。
- 屏幕：设置屏幕显示的各项参数，例如，设置旋转时图素显示的数量、定义鼠标中键为平移或旋转等。
- 启动/退出：定义启动系统、退出系统、更新几何体时默认的各项参数，例如，启动时系统默认要加载的工具条、功能快捷键等。
- 实体：设置创建实体时系统默认的各图素显示方式，例如，当由曲面转换为实体时，默认为删除曲面还是保留曲面等。
- 实体切削验证：设置验证加工操作正确性时所使用的参数，例如，加工模拟的速度、停止选项等。
- 文件：设置 Mastercam 在默认条件下利用的文件类型，例如，可以在其中设置各种类型的默认打开目录、各种项目默认的存放目录等。
- 线切割模拟：设置线切割运动模拟的各项显示参数，如颜色、速度等。
- 颜色：对整个 Mastercam 的系统颜色进行管理，例如，可以设置各种部件的颜色（如车床素材颜色、工具条背景颜色）、选择时对象显示的颜色（如绘图颜色、高亮显示的颜色）等。
- 转换：设置文件输入和输出的各项参数，如输出 Parasolid 的版本号、输入 DWG 或 DXF 时是否打断其尺寸标注等。
- 着色：设置图素的着色模式，如着色材质、光源、透明度等。

1.9 入门实例——构建形体曲面并加工

【例 1-6】 构建如图 1-34 所示形体曲面并进行简单加工。

[1] 单击工具栏中的【画球体】按钮，如图 1-35 所示，然在弹出的【球体】对话框中输入半径为 20，【曲面】方式，然后在【坐标输入】栏分别设置 X 为 0、Y 为 0，单击【确定】按钮✓，如图 1-36 所示，即可绘制一个球面，如图 1-37 所示。

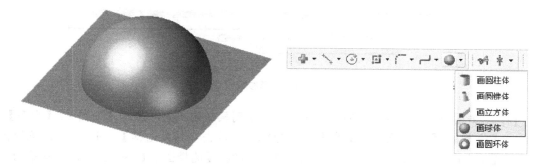

图 1-34　实例形体　　　　　　　　　　图 1-35　【矩形】命令

图 1-36　绘制球面的参数设置

[2] 单击工具栏中的【顶视图】图标将图形切换到顶视图方向，如图 1-38 所示。单击工具栏中的【矩形】命令图标，如图 1-39 所示，设置矩形的宽度和高度均为 60，选中【基准点为中心点】和【构建曲面】按钮，捕捉球心（0,0），单击【确定】按钮✓，绘制一个平面，如图 1-40 和图 1-41 所示。

图 1-37　绘制球面　　　　　　　　图 1-38　【视角】工具栏

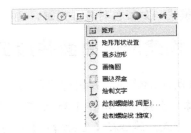

图 1-39　选择【矩形】命令

图 1-40　矩形参数设置

[3] 单击图 1-42 中的【轴测图】按钮，切换到轴测图视角，选择【绘图】/【曲面】/【修剪】/【修剪至平面】命令，选择球面，单击【结束选择】按钮，系统弹出【平面选择】对话框，单击图 1-43 中箭头所指【选择图素】按钮，然后选择平面，单击【确定】按钮✓，即可将球面修剪成半个球面，如图 1-44 所示。

图 1-41　绘制平面　　　　　　　图 1-42　切换到轴测图视角

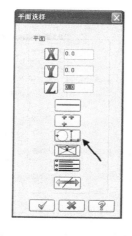

图 1-43　【平面选择】对话框　　　　　图 1-44　修剪球面

[4] 选择【机床类型】/【铣床】/【默认】命令，切换到【铣削】模块，单击【操作管理器】中的【材料设置】，如图 1-45 所示，系统会弹出【机器群组属性】对话框，如图 1-46 所示。

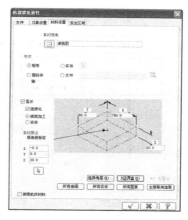

图 1-45　操作管理器　　　　　图 1-46　【机器群组属性】对话框

[5] 单击【边界盒】选项，系统弹出【边界盒选项】对话框，如图 1-47 所示，保持参

数默认，单击【确定】按钮 ✓ 依次关闭【边界盒选项】对话框和【机器群组属性】对话框。

[6] 选择【刀具路径】/【曲面粗加工】/【粗加工残料加工】命令，系统弹出【输入新 NC 名称】对话框，如图 1-48 所示，单击【确定】按钮 ✓ ，选择所有加工面，单击【结束选择】按钮，系统弹出【刀具路径的曲面选取】对话框，如图 1-49 所示，保持参数默认，单击【确定】按钮 ✓ ，系统弹出【曲面残料粗加工】对话框，如图 1-50 所示，单击【选择库中的刀具】选项，在弹出的【选择刀具】对话框中选择直径为 6 的球刀，然后依次单击【确定】按钮 ✓ ，关闭所有对话框，系统会自动计算刀具路径，结果如图 1-52 所示。

图 1-47 【边界盒选项】对话框　　　图 1-48 【输入新 NC 名称】对话框　　　图 1-49 【刀具路径的曲面选取】对话框

[7] 单击【操作管理器】中的【验证已选择的操作】图标，系统弹出【验证】对话框，如图 1-51 所示，单击【执行】按钮 ▶，即可开始加工仿真，仿真结果如图 1-53 所示。

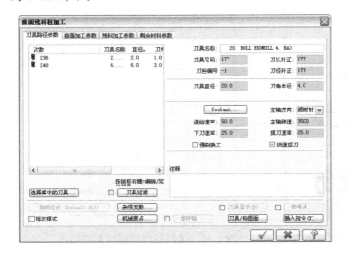

图 1-50 【曲面残料粗加工】对话框　　　　　　　图 1-51 【验证】对话框

图 1-52　刀具路径　　　　　图 1-53　仿真结果

1.10　思考练习

1．思考题

（1）Mastercam X5 的用户界面由哪几部分组成？

（2）Mastercam X5 由哪几个模块组成？各有什么功能？

（3）如何设置图素的颜色及线型？

2．上机题

（1）启动和关闭 Mastercam X5 软件，熟悉用户界面。

（2）将 Mastercam X5 的绘图背景设置为白色、绘图颜色设置为黑色、线型设置为实线、线宽设置为 0。

（3）以不同的绘图深度绘制直线或者圆，然后将视角转换为等角视图。

第 2 章

绘制二维图形

在 Mastercam 中的建模主要包括空间曲面和三维实体的创建，而这些都要以二维图形作为基础；Mastercam 中，二维铣削加工创建刀具轨迹也要以二维图形为主要依据，因此需要熟练掌握二维绘图的基本方法和编辑技巧。

本章介绍 Mastercam X5 软件中常用的基本二维绘图命令的使用方法和技巧，为后面的图形编辑和三维模型的创建打下基础。

2.1 二维图形基础知识

Mastercam X5 将所有二维绘图命令都置于【绘图】下拉菜单中，如图 2-1 所示。

图 2-1 【绘图】下拉菜单

本节主要介绍其中最常用的二维绘图命令的使用方法。

2.1.1 创建点

点是绘制图形的最基本要素，绘制图形一般都要以点作为基准，例如圆心、直线的端点等，Mastercam X5 中绘制点的菜单栏如图 2-2 所示。

1．指定位置绘点

要绘图首先要学习已知位置点的绘制。已知位置点是指已知点的坐标值或者已知点位于特殊位置而可以用捕捉的方式获得，比如圆心、端点、交点等。

图 2-2　【点】的菜单栏

选择【绘图】/【绘点】/【绘点】命令，或者单击图标命令 ✚，会弹出如图 2-3 所示【绘点】工具栏。此时既可以在如图 2-4 所示文本框中输入坐标来绘制点，也可以在已绘制图形中捕捉特殊位置点。输入坐标或者捕捉点以后，单击【确定】按钮☑即可。

图 2-3　【绘点】工具栏

图 2-4　文本框

2．动态绘点

动态绘点是指沿着已经存在的图素，如直线、曲面、曲线等，通过在图素上移动箭头来绘制动态点，动态点的位置是由图素上已有点的位置来确定的。

选择【绘图】/【绘点】/【动态绘点】命令，或者单击图标命令 ↖，会弹出如图 2-5 所示【动态绘点】工具栏，同时在绘图区提示 选取直线，圆弧，曲线，曲面或实体面 ，此时选择相应图素，就可以在其上面绘制动态点。动态点的定位可以利用【距离】和【补正】等参数调整位置。

图 2-5　【动态绘点】工具栏

3．绘制曲线节点

绘制曲线节点是指绘制样条曲线的控制点，可以根据这些绘制出来的控制点的位置的改变来修改样条曲线的形状。

选择【绘图】/【绘点】/【曲线节点】命令，或者单击图标命令 ，在绘图区会提示请选取一曲线，此时选取相应曲线，即可自动绘出该曲线的节点。

4．绘制等分点

绘制等分点顾名思义就是在直线、曲线、圆弧等几何图素上均匀绘制点。绘制等分点包括根据点的数目和等分的间距绘点两种方式。

选择【绘图】/【绘点】/【绘制等分点】命令，或者单击图标命令 ，会弹出如图 2-6 所示【等分绘点】工具栏，同时在绘图区提示 沿一图素画点：请选择图素 ，此时选择相应图素，就可以在其上面绘制等分点。等分点可以利用【距离】和【次数】等参数调整。

图 2-6　【等分绘点】工具栏

5．绘制端点

该命令的作用是将绘图区内所有的几何图形的端点绘制出来。

选择【绘图】/【绘点】/【端点】命令，或者单击图标命令 ，系统会将绘图区内所有几何图形的端点一次绘出。

6．绘制小圆心点

绘制小圆心点是指按照给定的半径，将所有小于该半径的圆或者圆弧的圆心点一次绘制出来。

选择【绘图】/【绘点】/【小圆心点】命令，或者单击图标命令 ，会弹出如图 2-7 所示【创建小于指定半径的圆心点】工具栏，同时在绘图区提示 选取弧/圆,按 Enter 键完成. ，系统会自动绘制半径小于指定值的圆和圆弧的圆心点。

图 2-7　绘制小圆心点

2.1.2　直线

绘制直线的方式和绘制点相似，选择【绘图】/【任意线】命令，或者单击【草图】工具栏上的图标 右侧的箭头，会弹出如图 2-8 所示【绘制直线】菜单。Mastercam X5 提供了 6 类直线的绘制方法，下面简单介绍一下。

1．绘制任意线

绘制任意线命令的功能很强大，它可以绘制垂直线、水平线、连续线、切线或者极坐标线等各种直线。

选择【绘图】/【任意线】/【绘制任意线】命令，或者单击图标命令 ✎ ，会弹出如图 2-9 所示的【直线】工具栏，设置工具栏里的相关参数即可按照要求绘制出各种直线。

图 2-8 【绘制直线】菜单

工具栏中的各参数含义如下：

- 用于绘制一组首尾相连的直线。
- 用于指定直线的固定长度。
- 用于指定所绘直线相对于水平位置的夹角。
- 用于绘制垂直直线。
- 用于绘制水平直线。
- 用于绘制和已知圆或圆弧相切的直线。

图 2-9 【直线】工具栏

2．绘制近距线

绘制近距线命令的作用是在指定的两图素之间绘制出最近的一条连线，连线的两端点是自动计算生成的。

选择【绘图】/【任意线】/【绘制两图素间的近距线】命令，或者单击图标命令 ✎ ，系统会在绘图区提示：选取直线、圆弧，或曲线，此时选择两已知图素，即可在两图素间绘制最近的连线。

3．绘制两直线夹角间的分角线

绘制两直线夹角间的分界线命令的作用是从两相交的直线的交点处绘制出该夹角的一条角平分线。

选择【绘图】/【任意线】/【绘制两直线夹角间的分角线】命令，或者单击图标命令 V ，系统会弹出【分角线】工具栏，此时依次选择两相交直线，指定角平分线需保留的一侧，然后在工具栏中输入长度，单击工具栏中的【确定】按钮 ✓ 即可。

4．绘制垂直正交线

绘制垂直正交线命令的作用是绘制与已知直线、圆弧或者曲线相垂直（法线方向）的线。

选择【绘图】/【任意线】/【绘制垂直正交线】命令，或者单击图标命令 ⊢ ，系统会弹出【垂直正交线】工具栏，此时选取已知图素，并且在工具栏中给定直线长度，移动鼠标指定位置，即可绘制出垂直正交线。

5．绘制平行线

绘制平行线命令用于绘制与已知直线相平行的线段。

选择【绘图】/【任意线】/【绘制平行线】命令，或者单击图标命令 ╲ ，此时系统会弹出【平行线】工具栏，此时选择已知直线，然后给定线外一点或者在工具栏中给定距离，即可绘制出已知直线的平行线。

6．绘制切线

绘制切线命令用于绘制过指定点与已知圆、圆弧或者曲线相切的直线。

选择【绘图】/【任意线】/【创建切线通过点相切】命令，或者单击图标命令 ，系统会弹出【切线】工具栏，此时选取已知圆弧或者圆弧，并且指定切点，然后指定切线的另一端点，即可绘制出该图素的切线。

2.1.3　绘制圆和圆弧

图 2-10　绘制圆弧菜单

Mastercam X5 提供了 7 种绘制圆或者圆弧的方法。选择【绘图】/【圆弧】命令，或者单击【草图】工具栏中的图标 右侧的箭头，系统会弹出绘制圆和圆弧的菜单，如图 2-10 所示。

1．圆心加点绘圆

这是最常见的一种绘圆方式，利用确定圆心和圆上一点的方法绘制出圆。

选择【绘图】/【圆弧】/【圆心+点】命令，或者单击图标命令 ，系统会弹出【编辑圆心点】工具栏，如图 2-11 所示，指定圆心和半径（或者直径）就可绘制出圆。

图 2-11　【编辑圆心点】工具栏

2．极坐标圆弧

该命令是指通过确定圆心、半径、起止角度来绘制圆弧的。

选择【绘图】/【圆弧】/【极坐标圆弧】命令，或者单击图标命令 ，系统会弹出【极坐标画弧】工具栏，如图 2-12 所示，设置相关参数即可绘制。

图 2-12　【极坐标画弧】工具栏

工具栏中的各参数含义如下：

- 用于指定半径。
- 用于指定直径。
- 用于指定起始角度。
- 用于指定终止角度。

3．三点画圆

该命令是通过指定不在同一直线上的三点绘制一个圆。

选择【绘图】/【圆弧】/【三点画圆】命令，或者单击图标命令 ，系统会弹出【三点画圆】工具栏，如图 2-13 所示，设置相关参数即可绘制圆。该命令支持三点画圆和两点画圆的方式。

图 2-13　【三点画圆】工具栏

工具栏中的各参数含义如下：
- 用于指定三点画圆。
- 用于指定一直径的两端点画圆。

4．两点画弧

该命令是通过指定圆弧的两端点和半径的方式绘制圆弧。

选择【绘图】/【圆弧】/【两点画弧】命令，或者单击图标命令 ，系统会弹出【两点画弧】工具栏，如图 2-14 所示。此时分别指定两端点和半径即可画弧。

图 2-14　【两点画弧】工具栏

5．三点画弧

该命令是通过指定圆弧的任意三点绘制圆弧。

选择【绘图】/【圆弧】/【三点画弧】命令，或者单击图标命令 ，系统会弹出【三点画弧】工具栏，如图 2-15 所示。此时分别指定圆弧上任意三点即可画弧。

图 2-15　【三点画弧】工具栏

6．极坐标画弧

该命令是通过确定圆弧的起点或者终点，并给出半径（直径）、起止角度来绘制圆弧。

选择【绘图】/【圆弧】/【极坐标画弧】命令，或者单击图标命令 ，系统会弹出【极坐标画弧】工具栏，如图 2-16 所示，设置相关参数即可绘制圆弧。

图 2-16　【极坐标画弧】工具栏

> 📖 提示：极坐标画弧可以分别用指定圆弧的起点或者终点的方法画弧，所绘圆弧形状相同但方向是不同的。

7．绘制切弧

该命令可以绘制与已知图素相切的圆弧。

选择【绘图】/【圆弧】/【切弧】命令，或者单击图标命令 ，系统会弹出【切弧】工具栏，如图 2-17 所示，设置相关参数即可绘制切弧。该命令有 7 种方式画弧。

图 2-17　【切弧】工具栏

工具栏中的各参数含义如下：

- ⊙与已知图素相切。
- ⊙通过一点与已知图素相切。
- ⊖指定中心线位置与已知图素相切。
- □动态指定相切位置与已知图素相切。
- ⊙指定三图素绘制相切弧。
- ⊙指定三图素绘制相切圆。
- ⊡指定半径或直径，然后指定两相切图素绘制圆弧。

2.1.4　绘制矩形和多边形

1．绘制矩形

绘制矩形命令可以用指定角点或者指定中心加宽度和高度的方式来绘制矩形。

选择【绘图】/【矩形】命令，或者单击图标命令 ⊡，系统会弹出【矩形】工具栏，如图 2-18 所示，设置相关参数即可绘制矩形。

图 2-18　【矩形】工具栏

该命令提供了 3 种绘制矩形的方法：

- 指定矩形的两角点绘制矩形。
- 指定矩形的一角点以及宽度和高度绘制矩形。
- 指定矩形的中心点以及宽度和高度绘制矩形。

2．绘制变形矩形

除了标准矩形的绘制，Mastercam 还支持变形矩形的绘制。

选择【绘图】/【矩形形状设置】命令，或者单击图标命令 ⊡，系统会弹出【矩形选项】对话框，如图 2-19 所示，根据图上箭头所指的相关参数进行设置，即可绘制多种变形矩形。

3. 绘制多边形

绘制多边形命令可以用指定边数和外接圆或者内切圆半径的方式来绘制多边形。

选择【绘图】/【画多边形】命令，或者单击图标命令 ⬠，系统会弹出【多边形选项】对话框，如图 2-20 所示，设置相关参数即可绘制多边形。

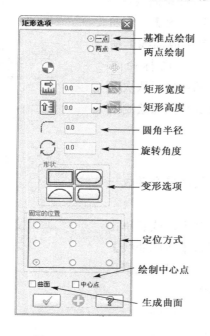

图 2-19 【矩形选项】对话框

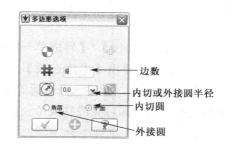

图 2-20 【多边形选项】对话框

2.1.5 绘制椭圆

选择【绘图】/【画椭圆】命令，或者单击图标命令 ⬭，系统会弹出【椭圆曲面】对话框，如图 2-21 所示。设置相关参数即可绘制椭圆。

2.1.6 绘制曲线

在 Mastercam X5 中，曲线采用参数曲线和 NURBS 曲线两种方式来表达。其中 NURBS 曲线相对比较容易编辑修改。

选择【绘图】/【曲线】命令，或者单击图标命令 ⌐· 右面的箭头，系统会弹出绘制曲线菜单，如图 2-22 所示。

1. 手动画曲线

手动画曲线命令的作用是根据给定点绘制任意形状的样条曲线。

选择【绘图】/【曲线】/【手动画曲线】命令，或者单击图标命令 ⌐，系统会弹出【曲线】工具栏，此时依次单击鼠标指定关键点，即可手动绘制样条曲线。

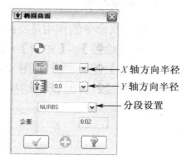

图 2-21 【椭圆曲面】对话框

图 2-22　绘制曲线菜单

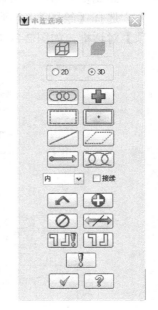

2. 自动生成曲线

自动生成曲线命令的作用是根据已经绘制好的三个点来生成样条曲线。

选择【绘图】/【曲线】/【自动生成曲线】命令，或者单击图标命令

，系统会弹出【自动创建曲线】工具栏，根据系统提示依次选择第 1 点、第 2 点和最后 1 点，系统会自动选择其他的点绘制出样条曲线。

3. 转成单一曲线

转成单一曲线命令的作用是将多条相连的曲线转换合并成一条曲线。

选择【绘图】/【曲线】/【转成单一曲线】命令，或者单击图标命令，系统会弹出【串连选项】对话框和【转成曲线】工具栏，如图 2-23 所示，此时选择合适的串连选项，然后选择已知的多条相连的曲线，即可完成转成单一曲线操作。

图 2-23　【串连选项】对话框和【转成曲线】工具栏

4. 熔接曲线

熔接曲线命令的作用是将两个对象从给定点处相熔接，对象可以是曲线、圆弧、直线等。

选择【绘图】/【曲线】/【熔接曲线】命令，或者单击图标命令，系统会弹出【曲线熔接状态】工具栏，如图 2-24 所示，此时选取第一条曲线，并且指定熔接点，然后选取第二条曲线，并且指定熔接点，即可完成熔接曲线操作。

图 2-24　【曲线熔接状态】工具栏

工具栏中的各参数含义如下。

- 【修剪】按钮包括四种情况：无、两者、第一条曲线、第二条曲线，用来设置熔接后原曲线的修剪状态。
- 【第一点范围】按钮。

- 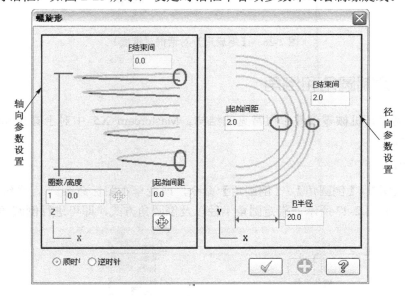 【第二点范围】按钮，这两个按钮的值越大，对原曲线形状改变就越大，一般取默认值即可。

2.1.7 绘制螺旋线

绘制螺旋线功能一般用来绘制螺纹曲线或者弹簧的缠绕路径曲线。Mastercam X5 提供了两种绘制螺旋线的方式。

1. 绘制螺旋线（间距）

该命令以给定螺旋线间距的方式来绘制螺旋线。给定间距以后，给定螺旋线的圈数以及第一圈和最后一圈的高度，系统可自动计算出螺旋线的总高。

选择【绘图】/【绘制螺旋线（间距）】命令，或者单击图标命令 ◎，系统会弹出【螺旋形】对话框，如图 2-25 所示，设定对话框中各项参数即可绘制螺旋线。

图 2-25 【螺旋形】对话框（间距）

2. 绘制螺旋线（锥度）

该命令常配合绘制扫描面和绘制扫描实体命令来绘制螺纹和等距弹簧。

选择【绘图】/【绘制螺旋线（锥度）】命令，或者单击图标命令 ◎，系统会弹出【螺旋形】对话框，如图 2-26 所示，设定对话框中各项参数即可绘制螺旋线。

> 📖 提示：绘制螺旋线（间距）方式一般用来绘制各种螺旋线；绘制螺旋线（锥度）方式一般用来绘制螺纹及等距弹簧等。

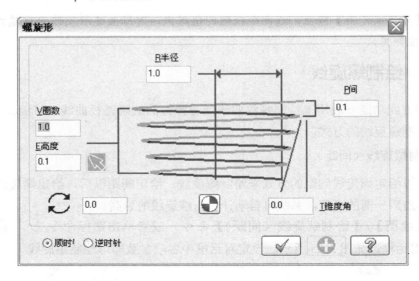

图 2-26 【螺旋形】对话框（锥度）

2.1.8 绘制圆角和倒角

圆角和倒角是机械零部件中很常见的结构。Mastercam X5 中对于圆角和倒角各提供了两种绘制方式。

1. 倒圆角

选择【绘图】/【倒圆角】/【倒圆角】命令，或者单击图标命令 ，系统会弹出【圆角】工具栏，如图 2-27 所示，指定圆角半径以及倒圆角方式，即可进行倒圆角命令。

图 2-27 【圆角】工具栏

2. 串连倒圆角

该命令可以将串连的几何图素一次性完成倒圆角操作。

选择【绘图】/【倒圆角】/【串连倒圆角】命令，或者单击图标命令 ，系统会弹出【串连选项】对话框和【串连倒圆】工具栏，如图 2-28 所示，设置好串连选项，指定圆角半径以及倒圆角方式，即可进行串连倒圆角命令。

3. 倒角

选择【绘图】/【倒角】/【倒角】命令，或者单击图标命令 ，系统会弹出【倒角】

工具栏,如图 2-29 所示,该工具栏指定了四种倒角的几何尺寸设定方法,单击每一种后分别会有如图 2-30 的图形提示,根据提示设定相关参数即可绘制倒角。

4.串连倒角

该命令可以将串连的几何图素一次性完成倒角。

选择【绘图】/【倒角】/【串连倒角】命令,或者单击图标命令 ,系统会弹出与图 2-28 相似的【串连选项】对话框和【串连倒角】工具栏,设置好串连选项,指定相关尺寸以及倒角方式,即可进行串连倒角 命令。

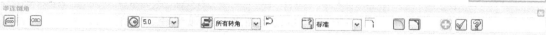

图 2-28 【串连选项】对话框和【串连倒角】工具栏

图 2-29 【倒角】工具栏

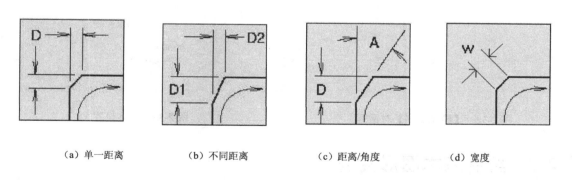

(a)单一距离　　　　(b)不同距离　　　　(c)距离/角度　　　　(d)宽度

图 2-30 倒角几何尺寸设定方法

2.1.9 绘制边界盒

该命令可以按照所绘图形的长、宽、高生成一个线框,主要用于加工操作,便于走刀设定和装夹定位。该线框可以是矩形、圆形、圆柱体和长方体等形状。

选择【绘图】/【画边界盒】命令,或者单击草图工具栏中的图标命令 ,系统会弹出【边界盒选项】对话框,如图 2-31 所示,根据提示设定相关参数即可绘制边界盒。

图 2-31　【边界盒选项】对话框

2.1.10　绘制文字

绘制文字命令不是用于绘制标注和技术要求等的文字说明，而是主要用于工件表面文字雕刻。

选择【绘图】/【绘制文字】命令，或者单击草图工具栏中的图标命令 L，系统会弹出【绘制文字】对话框，如图 2-32 所示。

首先单击【真实字型】设置字体，系统会弹出【字体】对话框，如图 2-33 所示。设置好字体后，设定文字对齐方式、参数（高度、圆弧半径、间距）以及文字内容，即可绘制所需文字了。

图 2-32　【绘制文字】对话框

图 2-33　字体设置

2.2　绘制基本图形实例

本节我们通过若干实例来练习上一节所讲授的基本二维绘图命令的具体使用及方法。

2.2.1　绘制线练习

【例 2-1】　使用【绘制任意线】命令绘制如图 2-34 所示的二维图形。

[1] 选择【绘图】/【任意线】/【绘制任意线】命令，在弹出的如图 2-35 所示【直线】工具栏中单击【连续线】按钮。

[2] 在绘图区给定任意点作为绘图的起始点，在工具栏中输入长度 20，回车确认；输入角度 270，回车确认，如图 2-36（a）所示。

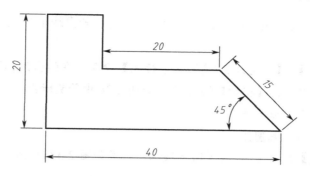

图 2-34　绘制任意线

图 2-35　【直线】工具栏

[3] 在工具栏中输入长度 40，回车确认；输入角度 0，回车确认。

[4] 在工具栏中输入长度 15，回车确认；输入角度 135，回车确认。

[5] 在工具栏中输入长度 20，回车确认；输入角度 180，回车确认，如图 2-36（b）所示。

[6] 单击垂直锁定图标，用鼠标左键单击起始点，如图 2-36（c）所示；单击水平锁定图标，用鼠标左键单击起始点，即可完成图形，如图 2-36（d）所示。

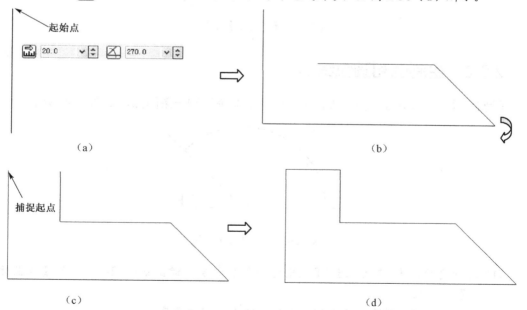

图 2-36　绘制任意线

【例 2-2】 使用【绘制平行线】命令绘制一条与已知直线平行且与另一圆弧相切的直线，如图 2-37 所示。

[1] 选择【绘图】/【任意线】/【绘制平行线】命令，在弹出的如图 2-38 所示【平行线】工具栏中单击【相切】按钮，如图 2-38 中箭头所指。

[2] 在绘图区选取已知直线。

[3] 在绘图区选取已知圆弧。

[4] 单击【确定】按钮，或者回车确认，结果如图 2-37 所示。

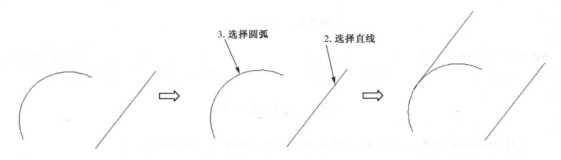

图 2-37 绘制圆弧平行线

1.单击相切按钮

图 2-38 【平行线】工具栏

2.2.2 绘制圆和圆弧练习

【例 2-3】 已知圆心，使用【极坐标圆弧】命令绘制一条圆弧，如图 2-39 所示。

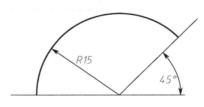

图 2-39 绘制圆弧平行线

[1] 选择【绘图】/【圆弧】/【极坐标圆弧】命令，弹出如图 2-40 所示【极坐标圆弧】工具栏。

[2] 在工具栏中分别填入半径 15、起始角度 45、终止角度 180。

[3] 在绘图区选取已知圆心，单击【确定】按钮，即可完成。

图 2-40　【极坐标圆弧】工具栏

> 📖　提示：【极坐标圆弧】命令和【极坐标画弧】命令有些类似，主要区别是前者已知圆弧的圆心而后者是已知圆弧的起点或者终点。

【例2-4】　作一圆弧与已知三直线相切，如图 2-41 所示。

[1] 选择【绘图】/【圆弧】/【切弧】命令，在弹出的如图 2-42 所示【切弧】工具栏中单击【三物体切弧】按钮 。

[2] 根据系统提示依次在 1、2、3 点处选取已知直线。

[3] 单击【确定】按钮 ，结果如图 2-41 所示。

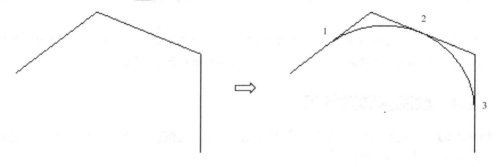

图 2-41　绘制切弧

图 2-42　【切弧】工具栏

2.2.3　绘制多边形练习

【例2-5】　绘制外接圆半径为 20 的八边形，并绘出中心点。

[1] 选择【绘图】/【画多边形】命令，系统会弹出如图 2-43 所示【多边形选项】对话框。

[2] 在对话框中边数栏里输入 8，半径输入 20，圆角半径 2。

[3] 勾选【中心点】选项。

[4] 在绘图区指定正八边形的中心。

[5] 单击【确定】按钮 ，结果如图 2-44 所示。

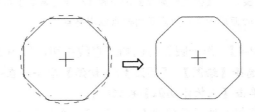

图 2-43　【多边形选项】对话框　　　　图 2-44　绘制正八边形

　📖　提示 1：【多边形选项】对话框中有【圆角】、【旋转角度】等选项，可根据需要进行相应设置。

　📖　提示 2：如果以外接圆尺寸绘制多边形，则多边形相对于圆为内接。

2.2.4　绘制椭圆弧练习

【例 2-6】　绘制长轴半径为 20，短轴半径为 15，且倾斜 30°、包角 180° 的椭圆弧，并绘制圆心，如图 2-45 所示。

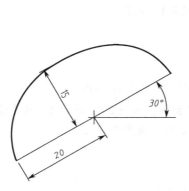

图 2-45　绘制椭圆　　　　图 2-46　【椭圆曲面】对话框

[1]　选择【绘图】/【画椭圆】命令，系统会弹出如图 2-46 所示【椭圆曲面】对话框。

[2]　在对话框中依次输入长轴半径 20，短轴半径 15。

[3] 输入包角 180°，旋转角度 30°，勾选【中心点】选项。

[4] 在绘图区指定椭圆的中心，单击【确定】按钮 ，结果如图 2-45 所示。

📖 提示：该命令既可以绘制完整椭圆，也可以绘制椭圆弧。

2.2.5 绘制曲线练习

【例 2-7】 从指定点处将两条曲线熔接。

[1] 选择【绘图】/【曲线】/【熔接曲线】命令，系统会弹出如图 2-47 所示【曲线熔接
状态】工具栏，保持工具栏中参数均为默认。

图 2-47 【曲线熔接状态】工具栏

[2] 选择第一条曲线，并且拖动箭头到 1 点，以指明该曲线上的熔接点，如图 2-48
（b）所示。

[3] 选择第二条曲线，并且拖动箭头到 2 点，以指明该曲线上的熔接点，如图 2-48（c）
所示。

[4] 单击【确定】按钮 ，结果如图 2-48（d）所示。

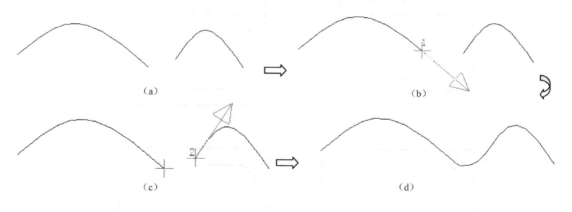

图 2-48 曲线熔接

2.2.6 绘制螺旋线练习

【例 2-8】 绘制如图 2-49 所示螺旋线，已知圈数为 5，高度为 20，半径为 10，螺距
为 4，锥度为 -15°。

[1] 选择【绘图】/【绘制螺旋线（锥度）】命令，系统会弹出如图 2-50 所示【螺旋
形】对话框。

[2] 输入半径为 10，圈数为 5，高度为 20，设定间距为 4，锥度角为 -15°，在绘图区

单击输入圆心点。

[3] 单击【确定】按钮√，完成绘制。

[4] 单击【等视图】按钮⊞以调整视角，结果如图 2-49 所示。

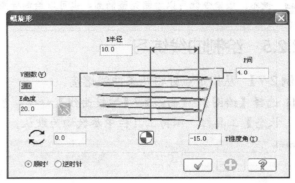

图 2-49　螺旋线　　　　　　　　　　　　图 2-50　【螺旋形】对话框

2.2.7　绘制倒角、圆角练习

【例 2-9】　绘制矩形、圆角、倒角。

绘制如图 2-51（a）所示平面图形。

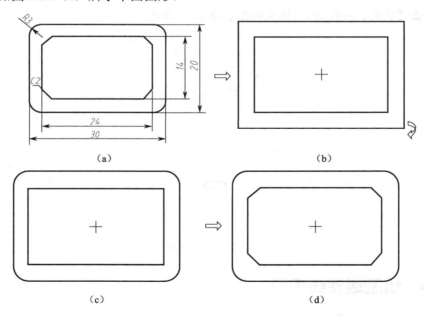

图 2-51　绘制平面图形

[1] 选择【绘图】/【矩形】命令，系统会弹出如图 2-52 所示【矩形】工具栏。

[2] 输入宽度为 30，高度为 20，在绘图区单击一点确定矩形的位置，单击【应用】
　　按钮。

[3] 输入宽度为 24，高度为 14，单击上一个矩形的中心点，单击【确定】按钮，完成矩形绘制，如图 2-51（b）所示。

图 2-52 　【矩形】工具栏

[4] 选择【绘图】/【倒圆角】/【串连倒圆角】命令，系统会弹出如图 2-53 所示【串连倒圆角】工具栏。

图 2-53 　【串连倒圆角】工具栏

[5] 输入半径为 3，选中【修剪】按钮，然后选择大矩形的一条边，单击【确定】按钮，完成倒圆角绘制，结果如图 2-51（c）所示。

[6] 选择【绘图】/【倒角】/【串连倒角】命令，系统会弹出如图 2-54 所示【串连倒角】工具栏。

图 2-54 　【串连倒角】工具栏

[7] 在工具栏中选择【类型】为单一距离，输入【距离 1】为 2，选中【修剪】按钮，然后单击小矩形一条边，单击【确定】按钮，完成倒角绘制，结果如图 2-51（d）所示。

2.2.8 　绘制文字练习

【例 2-10】 绘制如图 2-55 所示文字，已知文字为仿宋体，字高为 20。

图 2-55 　绘制文字

[1] 选择【绘图】/【绘制文字】命令，系统会弹出如图 2-55 左侧所示【绘制文字】对话框。

[2] 单击【真实字型】选项，然后选择字体为仿宋体，单击【确定】按钮。

[3] 设置【文字对齐方式】为水平，高度为 20，然后在【文字内容】窗口中输入所需绘制的文字。

[4] 单击【确定】按钮 ☑，关闭对话框，然后用鼠标确定文字位置即可。

📖 提示：【绘制文字】命令创建的文字是由直线、圆弧等组成的图形，可用于生成刀具路径，和图形标注创建的文字的性质是完全不同的。

2.3 综合应用实例——零件底座平面图形

【例 2-11】 绘制如图 2-56 所示的底座平面图形。

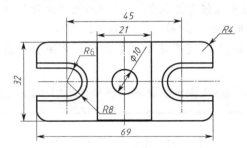

图 2-56 绘制平面图形

[1] 选择【绘图】/【任意线】/【绘制任意线】命令，按照如图 2-62（a）所示绘制直线，注意各直线长度要稍大于相对应的图形轮廓。

[2] 选择所绘直线，单击【分析图素属性】图标 ❓，系统弹出【线的属性】对话框，如图 2-57 所示。将里面的【类型】设置为点画线，【宽度】用默认值，单击【确定】按钮 ☑，将所选直线改为点画线。将所绘直线都改好，结果如图 2-62（a）所示。

[3] 选择【绘图】/【矩形】命令系统弹出【矩形】工具条，如图 2-58 所示。在工具条中输入矩形长度为 69，宽度为 32，选中【设置基准点为中心点】按钮，然后选中 0 点作为中心点，即可绘制出矩形，如图 2-62（b）所示。

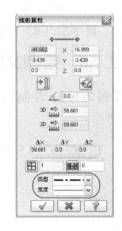

图 2-57 【线的属性】对话框

基准点为中心点

图 2-58 【矩形】工具条

[4] 选择【绘图】/【任意线】/【绘制平行线】命令，系统弹出【平行线】工具条，如图 2-59 所示。在工具条中输入距离为 24，选择矩形左边的边线，然后在矩形内部任取一点作为平行线生成的方向，即可生成一条竖直轮廓线；将距离改成 45，重复上述工作，即可生成另一条竖直轮廓线，单击【确定】按钮，关闭对话框，结果如图 2-62（c）所示。

图 2-59　【平行线】工具条

[5] 选择【绘图】/【倒圆角】/【串连倒圆角】命令，系统弹出【串连选项】对话框和【串连倒角】工具条，如图 2-60 所示。将工具条中半径设置为 4，方向设置为"所有转角"，然后选择矩形的一个边，单击【确定】按钮，关闭对话框和工具条，结果如图 2-62（d）所示。

[6] 选择【绘图】/【圆弧】/【圆心+点】命令，分别按照给定尺寸绘制如图 2-62（e）所示的四个圆。

[7] 选择【绘图】/【任意线】/【绘制垂直正交线】命令，系统弹出【垂直正交】对话框，此时，单击矩形左边的竖直边线，然后捕捉图 2-62（f）中的 1 点，即可绘制出一条通过 1 点的水平线。重复上面的操作，依次选择 2、3、4 点，绘制出左边的四条水平线。

[8] 重复上一步骤的操作，绘制出右边的四条水平线，结果如图 2-62（f）所示。

图 2-60　【串连选项】对话框和【串连倒角】工具条

[9] 选择【编辑】/【修剪/打断】/【修剪/打断/延伸】命令，系统弹出【修剪/打断/延伸】工具条，选中【打断/删除】图标和【修剪】图标，如图 2-61 所示。然后依次选择需要修剪删除的图素，最终结果如图 2-62（g）所示。

图 2-61　【修剪/打断/延伸】工具条

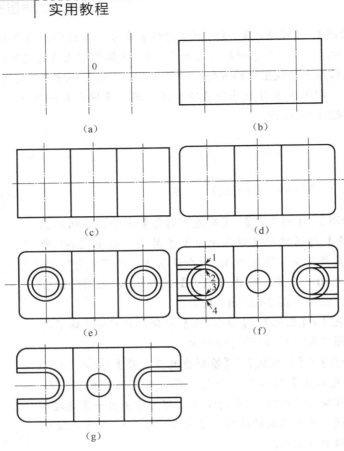

图 2-62　绘制过程

2.4　思考与练习

1．思考题

（1）在 Mastercam X5 中绘制线的方法有哪几种？如何操作？

（2）在 Mastercam X5 中绘制圆和圆弧的方法有哪几种？如何操作？

（3）在 Mastercam X5 中绘制矩形有哪几种变形？如何操作？

（4）请说出几种绘制螺旋线的实现步骤。

2．上机题

分别绘制出如图 2-63 所示的几个平面图形。

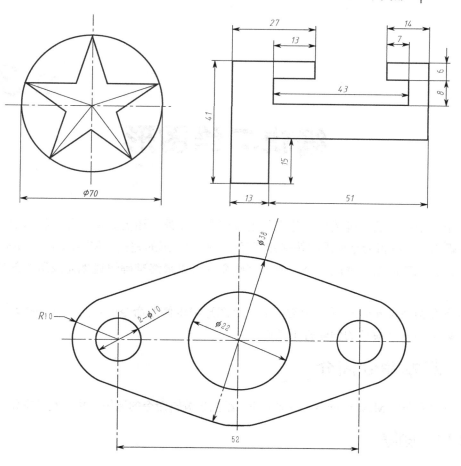

图 2-63　绘制平面图形

第 **3** 章

编辑二维图形

对于一个完整的二维图形，除了使用绘图命令以外，还需要使用各种编辑命令对图形进行编辑修改。编辑命令使用的熟练程度直接影响到图形的完整性和准确性。Mastercam X5提供了比较完善的编辑修改命令，通过这些命令可以最终准确快速地完成所需的二维图形绘制。

本章介绍 Mastercam X5 中常用的二维图形编辑修改命令的使用方法和技巧，为后面的图形编辑和三维模型的创建打下基础。

3.1 基本命令简介

本节主要介绍 Mastercam X5 中常用的二维图形编辑命令的调用、执行及基本使用方法。

3.1.1 删除

删除命令是所有绘图软件中使用最频繁的编辑命令之一。该命令在 Mastercam X5 中所处的下拉菜单和图标命令如图 3-1 所示。

图 3-1 删除和恢复删除命令

1. 删除图素

选择【编辑】/【删除】/【删除图素】命令，或者单击【删除图素】图标 ✐，然后依次选取需要删除的图素，选择完成后，单击【结束选择】图标 🔘，即可完成删除图素任务。

📖 提示：也可以先依次选择需要删除的图素，然后单击【删除图素】图标 ✐，同样可以完成删除任务。

2. 删除重复图素

该命令是 Mastercam 比较有特色的一个命令，主要用于删除多余的而操作者又不易发现的一些重复图素。

选择【编辑】/【删除】/【删除重复图素】命令，或者单击【删除重复图素】图标 ✐，系统会弹出【删除重复图素】对话框，如图3-2所示，单击【确定】按钮即可完成操作。

【删除重复图素】高级选项（如图 3-3 所示）主要用于某些特殊要求，比如定义重复图素的时候，除了坐标值以外，是不是包括颜色、线型、层别、线宽、点型等。这些多数情况下不需设置。

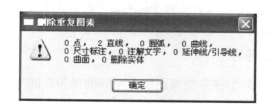

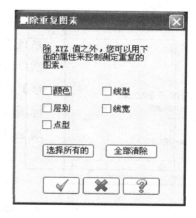

图 3-2 【删除重复图素】对话框   图 3-3 【删除重复图素】高级选项

3. 恢复删除图素

该命令主要用于将已删除的图素还原。

恢复删除图素的操作包括了下面三种不同的方式。

- ✐：【恢复删除】命令，每单击一次，系统恢复最近一次被删除的图素。
- ✐：【恢复删除指定数量的图素】命令，单击后会弹出如图3-4所示对话框，可以用来设定需要恢复删除的次数。

图 3-4 设定还原次数

- ：【恢复删除限定的图素】命令，单击后会弹出如图 3-5 所示对话框，在里面设定需还原图素的属性，即可将符合设定属性的图素还原（即按照属性而不是次数来还原已删除图素）。

图 3-5　设定还原图素的属性

3.1.2　对象转换

单击菜单栏中的【转换】菜单，即可打开转换下拉菜单，如图 3-6 所示。这一类命令主要用于改变图素的大小、位置、方向等。本节主要介绍对象转换的相关命令。

1．平移

平移命令是将选定的几何图素沿着某一方向进行平行移动或者复制的操作。平移的方向可以通过直角坐标增量、极坐标增量或者指定两点来确定，通过平移命令可以得到一个或者多个与选定图素相同的图素。

选择【转换】/【平移】命令，或者单击图标命令，系统会提示 平移:选取图素去平移 ，此时选择需要平移的图素，选择完成后单击【结束选择】按钮，系统会弹出【平移】对话框，如图 3-7 所示，可以在对话框中设置按直角坐标增量、按起止点或者按极坐标增量三种方式平移或者复制选定的图素。

2．3D 平移

所谓 3D 平移是指将图素在不同的视图之间平移或复制的操作。

选择【转换】/【3D 平移】命令，或者单击图标命令，系统会提示 平移:选取图素去平移 ，此时选择需要平移的图素，选择完成后单击【结束选择】按钮，系统会弹出【3D 平移选项】对话框，如图 3-8 所示，可以在对话框中设置源视图、目标视图以及两视图上的参考点来平移或复制选定的图素。

3．镜像

镜像命令是指将选定的图素以某一直线为对称轴进行复制的操作。对称轴直线可以是通过参照点的水平线/竖直线/倾斜线、已有的直线或通过指定两点的方式来确定。

选择【转换】/【镜像】命令，或者单击图标命令，系统会在绘图区提示： 镜像:选取图素去镜像 ，此时选择需镜像的图素，选择完成后单击【结束选择】按钮，系统会弹出【镜像】对话框，如图 3-9 所示，可以在对话框中设置镜像轴选择方式及是否保留原图素（移动或复制）。

图 3-6 转换系列命令

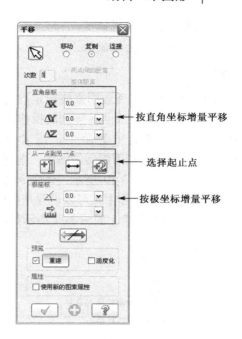

图 3-7 【平移】对话框

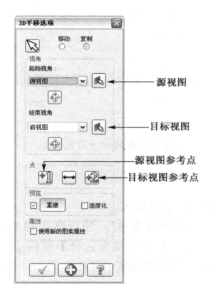

图 3-8 【3D 平移选项】对话框

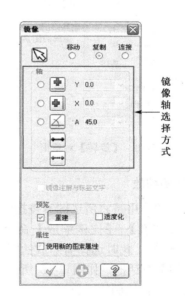

图 3-9 【镜像】对话框

对话框中各参数含义如下。

- Y 5.0：以水平线为镜像轴，以及该线的 Y 坐标值。
- X 10.0：以竖直线为镜像轴，以及该线的 X 坐标值。
- A 45.0：以倾斜线为镜像轴，以及该线的角度。

- ⬌: 选择一直线为镜像轴。
- ⬌···: 选择两点作为镜像轴。

4. 旋转

旋转命令的作用是将所选图素绕指定点进行旋转复制或移动。在 Mastercam 中，该命令可以通过设置次数来完成回转阵列的操作功能。

选择【转换】/【旋转】命令，或者单击图标命令，系统会在绘图区提示：旋转:选取图素去旋转，此时选择需旋转的图素，选择完成后单击【结束选择】按钮，系统会弹出【旋转】对话框，如图 3-10 所示。该命令既可以完成单个图素的旋转，也可以完成旋转阵列的操作。在旋转阵列操作中，可以设置是否让所有生成图素绕自身中心旋转，也可以选择删除一部分阵列生成的图素。如图 3-11 所示都是用该命令可以完成的操作。

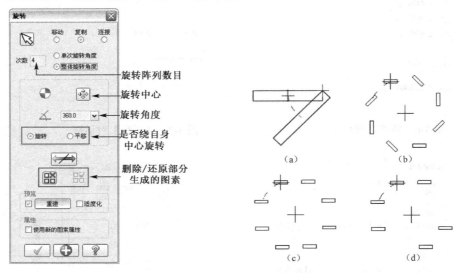

图 3-10　【旋转】对话框　　　　图 3-11　旋转命令常见操作

5. 比例缩放

该命令的作用是将所选图素按指定的比例进行缩小或放大。

选择【转换】/【比例缩放】命令，或者单击图标命令，系统会在绘图区提示：比例:选取图素去缩放，此时选择需缩放的图素，选择完成后单击【结束选择】按钮，系统会弹出【比例】对话框，如图 3-12 所示。该命令既可以完成图素的等比例缩放，也可以完成沿 XYZ 方向不同比例的缩放。

6. 单体补正和串连补正

单体补正和串连补正命令也称作偏移，都是以一定的距离来等距离偏移所选图素的操作，不同之处是前者是对单一图素进行偏移，而后者是对串连的一组图素同时进行偏移。

选择【转换】/【单体补正】命令或【串连补正】命令，也可以单击图标命令或，即可进行相应操作。单体补正和串连补正的对话框如图 3-13 所示。

图 3-12　【比例】对话框　　　　图 3-13　【单体补正】和【串连补正】对话框

7．投影

投影命令的作用是将选定的图素投影到一个指定的构图面、已知平面或曲面上。

选择【转换】/【投影】命令，或者单击图标命令 ，系统会在绘图区提示：
选取图素去投影，此时选择需投影的图素，选择完成后单击【结束选择】按钮 ，系统会弹出【投影】对话框，如图 3-14 所示。投影面可以选择构图面、平面或曲面，选择构图面需设置投影距离，选择平面需设置如图 3-15 所示【平面选择】对话框，选择曲面需按照设置如图 3-14 所示曲面参数。

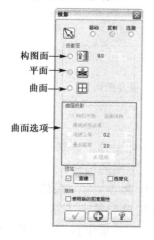

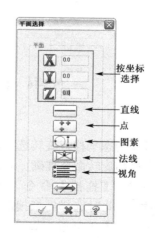

图 3-14　【投影】对话框　　　　图 3-15　【平面选择】对话框

8. 阵列

Mastercam 中的阵列实际上只是指矩形阵列，即将图素沿两个线性方向平移复制，而旋转阵列的操作是靠前面讲述的旋转命令来完成的。

选择【转换】/【阵列】命令，或者单击图标命令 ⊞，根据系统提示选择需阵列的图素，选择完成后单击【结束选择】按钮 ◉，系统会弹出【阵列选项】对话框。将对话框中的参数根据需要进行设定即可。

9. 缠绕

该命令的作用是将选中的直线、圆弧、曲线等二维图素缠绕在圆柱面上或者从圆柱面上展开。

选择【转换】/【缠绕】命令，或者单击图标命令 ○ⲟⲟ|，根据系统提示设置好【串连选项】及选择需缠绕的图素，选择完成后单击【串连选项】中的【确定】按钮 ☑，系统会弹出【缠绕选项】对话框，如图 3-16 所示。将对话框中的参数根据需要进行设定即可。

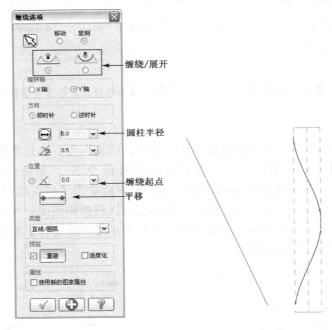

图 3-16　【缠绕选项】对话框及图例

10. 拖拽

拖拽命令可以动态平移或旋转选定图素。该命令和平移、旋转命令相比，直观性比较好，但是不如平移和旋转命令准确，适用于精度要求不高的场合。

选择【转换】/【拖拽】命令，或者单击图标命令 △，系统会在绘图区提示：选择要拖曳的图素，此时选择需拖拽的图素，选择完成后单击【结束选择】按钮 ◉，系统会弹出【动态移位】工具条，如图 3-17 所示，在工具条中设定所需的拖拽方式，然后根据提示操作即可。

图 3-17　【动态移位】工具条

3.1.3　对象修整

对象修整是指将已绘制的几何图素按指定要求进行修剪、打断、延伸等编辑操作。Mastercam X5 提供了丰富的对象修整操作方式。

1.　修剪/打断

选择【编辑】/【修剪/打断】命令，即可弹出子菜单，如图 3-18 所示。

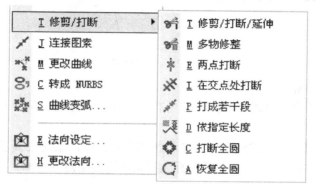

图 3-18　【修剪/打断】子菜单

（1）修剪/打断/延伸

选择【编辑】/【修剪/打断】/【修剪/打断/延伸】命令，系统会弹出【修剪/打断/延伸】工具栏，如图 3-19 所示。此时根据系统提示，选择需修剪或延伸的图素的需保留部分，然后选择需修剪或者延伸的边界即可。

图 3-19　【修剪/打断/延伸】工具栏

该工具栏中各参数含义如下。

- 　：修剪一个物体。修剪或延伸单个图素。
- 　：修剪两个物体。同时修剪或延伸相交的两个图素。
- 　：修剪三个物体。同时修剪或延伸相交的三个图素。
- 　：打断和删除。将一个图素在另两个图素间的部分删除。
- 　：修剪至点。将图素在指定点处剪切或者延伸到指定点。

- ：延伸长度。将图素按指定长度延伸。
- ：修剪。删除被修剪部分；将延伸部分和原图素合并。
- ：返回。将一个图素断开为两个图素；延伸的图素和原图素不合并。

（2）多物修整

多物修整命令可以同时修剪或者延伸具有公共边界的一组图素，也就是在符合要求的时候可以将上一个命令的多个步骤的操作整合成一次操作来完成。

选择【编辑】/【修剪/打断】/【多物修整】命令，即可弹出【多物修整】工具栏，首先选择要修剪或者延伸的多个图素，单击【结束选择】按钮，然后选择边界图素，最后指定需保留的一侧即可，如图 3-20 所示。

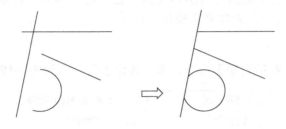

图 3-20　多物修整

（3）在交点处打断

该命令的作用是将多个相交的图素在所有交点处全部打断，从而产生多个以交点为分界的图素。

选择【编辑】/【修剪/打断】/【在交点处打断】命令，系统会提示选择图素，选择完成后单击【结束选择】按钮，即可将所选图素在所有交点处打断。

（4）打成若干段

该命令将几何对象根据距离、分段数等参数分割打断成若干部分。

选择【编辑】/【修剪/打断】/【打成若干段】命令，系统会提示选择图素，选择完成后单击【结束选择】按钮，系统会弹出【打成若干段】工具栏，如图 3-21 所示。此时可以设置距离、分段数等参数以打断图素。

图 3-21　【打成若干段】工具栏

（5）依指定长度

该命令类似于 AutoCAD 的【分解】命令，所不同的是它只能作用于尺寸标注、剖面线和复合图素，将这些图素进行分解以进行下一步编辑，常用于标注的修改。

（6）打断全圆和恢复全圆

【打断全圆】命令用于将一个整圆按给定的分段数均匀分解成几部分；【恢复全圆】命令用于将任意圆弧变成一个整圆。

2．连接图素

该命令的作用是将两个图素连接成一个图素，但是该命令的使用具有一定的局限性，只有两个图素同时为直线而且共线、两圆弧同心同径、两样条曲线来自于同一样条曲线的时候才能连接成一个图素。

选择【编辑】/【连接图素】命令，然后依次选取多个几何对象，并按回车键确认，即可完成图素的连接。

3．更改曲线

该命令只能作用于样条曲线，可以通过改变样条曲线的控制点的位置来改变曲线的形状。

选择【编辑】/【更改曲线】命令，并选取样条曲线，系统自动显示各控制点，此时选取需要改变的控制点，移至合适的位置然后单击鼠标即可完成曲线的更改。

4．转成 NURBS

该命令的作用是将直线、圆弧、曲线、曲面转换成样条曲线或者曲面。转换以后编辑该图素的形状时，操作参数和方式和以前是不同的。

选择【编辑】/【转成 NURBS】命令，系统会提示 选取直线, 圆弧, 曲线或曲面去转换为NURBS格式，此时选择需转换的图素，选择完成后单击【结束选择】按钮 即可。

5．曲线变弧

该命令的作用是将圆弧状的样条曲线转换为圆弧以使其参数发生变化。

选择【编辑】/【曲线变弧】命令，系统会弹出【简化成圆弧】工具栏，如图 3-22 所示，并且在绘图区提示 选取曲线去转换为圆弧，此时选择需转换的图素，选择完成后单击【确定】按钮 即可。

图 3-22　【简化成圆弧】工具栏

3.2　图形编辑实例

本节我们以几个循序渐进的实例，来进一步学习前面介绍的二维图形编辑命令的使用方法和技巧。

3.2.1　使用平移命令复制已知圆

【例 3-1】　将如图 3-23 所示的圆沿着 1、2 点的方向和距离复制两个。

[1] 选择【转换】/【平移】命令，此时在绘图区显示 平移:选取图素去平移。

[2] 选择圆，选择完成后单击【结束选择】按钮 。

[3] 此时系统弹出如图 3-24 所示【平移】对话框，点选【复制】方式、次数设置为 2，然后单击图标 。

[4] 系统提示 选取平移起点，此时选择 1 点。

[5] 系统提示 选取平移终点，此时选择 2 点。

[6] 单击对话框中的【确定】按钮 ，结果如图 3-23 所示。

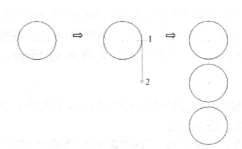

图 3-23　复制圆　　　　　　　　　　图 3-24　【平移】对话框

3.2.2　使用旋转命令画环形阵列

【例 3-2】　将如图 3-25 所示的小矩形以大圆圆心为中心均布 12 个，并删除最下面一个小矩形。

[1]　选择【转换】/【旋转】命令，此时在绘图区显示 旋转:选取图素去旋转 。

[2]　选择小矩形，选择完成后单击【结束选择】按钮 。

[3]　此时系统弹出如图 3-26 所示【旋转】对话框，点选【复制】方式、设置次数为 12、点选【整体旋转角度】、设置角度为 360、【旋转】方式。

[4]　单击【设置旋转中心点】按钮 ，然后在绘图区选择大圆的圆心。

[5]　单击【移动项目】按钮 ，然后在绘图区选择最下面的小矩形，选择完成后单击【确定】按钮 ，结果如图 3-25 所示。

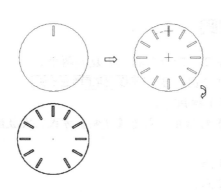

图 3-25　使用旋转命令画均布矩形　　　　　　图 3-26　【旋转】对话框

3.2.3　使用阵列和镜像命令画图

【**例 3-3**】　将如图 3-27（a）所示的三角形先按照水平距离 15、垂直距离 25 进行阵列，再以已知直线为镜像线进行镜像。

[1] 选择【转换】/【阵列】命令，根据屏幕提示，选择已知三角形，选择完成后单击【结束选择】按钮 。

[2] 此时系统弹出如图 3-28 所示【阵列选项】对话框，设置方向 1 的次数为 2、距离为 15，设置方向 2 的次数为 2、距离为 25。单击【确定】按钮 ，结果如图 3-27（b）所示。

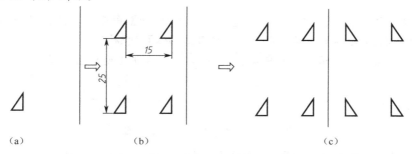

（a）　　　　　　　　（b）　　　　　　　　　　　　　（c）

图 3-27　阵列并镜像图形

[3] 选择【转换】/【镜像】命令，根据屏幕提示，选择左边 4 个三角形，选择完成后单击【结束选择】按钮 。

[4] 此时系统弹出如图 3-29 所示【镜像】对话框，在对话框中单击【选择线】按钮 ，然后选择已知的直线，选择完成后单击【确定】按钮 ，结果如图 3-27（c）所示。

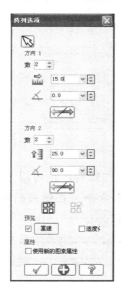

图 3-28　【阵列选项】对话框　　　　　图 3-29　【镜像】对话框

3.2.4 修剪图形实例

【例 3-4】 如图 3-30 所示,将图 3-30(a)中的图线修剪为图 3-30(c)所示结果。

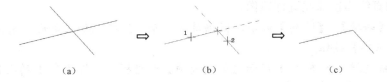

图 3-30 修剪简单图形

[1] 选择【编辑】/【修剪/打断】/【修剪/打断/延伸】命令,在弹出的如图 3-31 所示
【修剪/打断/延伸】工具栏中选中【修剪二物体】按钮█。

[2] 此时在绘图区提示: 选取图素去修剪或延伸 ,在 1 点处单击选择。

图 3-31 【修剪/打断/延伸】工具栏

[3] 此时在绘图区提示: 选取修剪或延伸到的图素 ,在 2 点处单击选择,如图 3-30(b)所
示。

[4] 单击工具栏中的【确定】按钮 █ ,结果如图 3-30(c)所示。

📖 提示: Mastercam 的修剪命令,在默认情况下选择图素时,是选择需保留的部分而不是需剪掉
的部分,这一点和其他绘图软件不同,读者要加以注意。

【例 3-5】 如图 3-32 所示,将图 3-32(a)中的图形修剪成图 3-32(c)所示的图形。

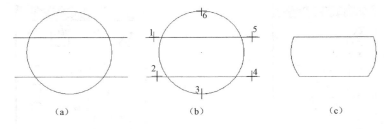

图 3-32 修剪复杂图形

该实例除了可以利用上一个实例的方式一条线一条线地修剪,也可以一次修剪完成。

[1] 选择【编辑】/【修剪/打断】/【修剪/打断/延伸】命令,在弹出的如图 3-33 所示
【修剪/打断/延伸】工具栏中选中【打断/删除】按钮█。

打断/删除

图 3-33 【修剪/打断/延伸】工具栏

[2] 此时在绘图区依次选择1、2、3、4、5、6点。

[3] 单击工具栏中的【确定】按钮 ✓ ，结果如图3-32（c）所示。

3.2.5 更改曲线实例

【例3-6】 将如图3-34（a）所示样条曲线修改成图3-34（d）所示的图形。

[1] 选择【编辑】/【更改曲线】命令，此时在绘图区显示 选取一条曲线或曲面 。

[2] 选择需修改的样条曲线以后，该曲线会显示出其控制的多边形，如图3-34（b）所示。

[3] 此时系统提示 选取一个控制点. 按 [Enter]结束. ，选择 1 点，按住鼠标左键向下拖动，此时其控制的多边形也会跟着改变，如图3-34（c）所示。

[4] 将1点拖动到指定位置后，松开鼠标，回车确认，结果如图3-34（d）所示。

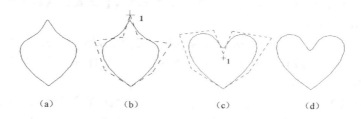

（a）　　　　　　（b）　　　　　　（c）　　　　　　（d）

图3-34　更改曲线

3.3 综合应用实例——法兰盘平面草图

本节我们综合应用二维图形绘制和编辑命令来绘制一个比较完整的机械零件的平面图形实例。

【例3-7】 按照如图3-35所示尺寸绘制法兰盘平面草图。

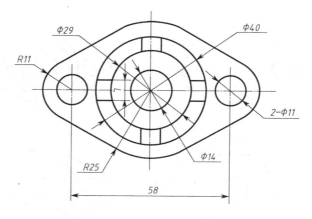

图3-35　法兰盘平面草图

[1] 选择【绘图】/【任意线】/【绘制任意线】命令，利用该命令绘制水平中心线长90，竖直中心线长60，并将线型改为点画线。

[2] 选择【绘图】/【圆弧】/【圆心+点】命令，分别绘制 *R*25 圆以及 *R*11 圆，结果如图 3-36（a）所示。

📖 提示：绘制 *R*11 圆选择圆心的时候，可以用前面所讲的【相对点】的方式来确定，这里不再赘述。

---

[3] 选择【绘图】/【任意线】/【绘制任意线】命令，在弹出的【直线】工具栏中选中【相切】图标，然后依次选择大小圆，即可绘制出切线，结果如图 3-36（b）所示。

[4] 选择【绘图】/【圆弧】/【圆心+点】命令，绘制出 ϕ11 圆，然后修剪掉多余线条，结果如图 3-36（c）所示。

[5] 选择【转换】/【镜像】命令，选择需镜像的所有图素，然后单击【结束选择】按钮，在弹出的【镜像】对话框中选择【选择线】方式，然后选择竖直中心线，结果如图 3-36（d）所示。

[6] 利用【圆心+点】命令绘制 ϕ14、ϕ29 及 ϕ40 圆，结果如图 3-36（e）所示。

[7] 利用【绘制任意线】和【绘制平行线】命令，然后进行修剪，得到两条平行短线，如图 3-36（f）所示。

[8] 选择【转换】/【旋转】命令，选择两条平行线，然后单击【结束选择】按钮，在弹出的【旋转】对话框中选择【复制】方式、次数为 4，选择【整体旋转角度】、角度为 360，选择【旋转】方式，如图 3-37 所示。然后选择中心点，结果如图 3-36（g）所示。

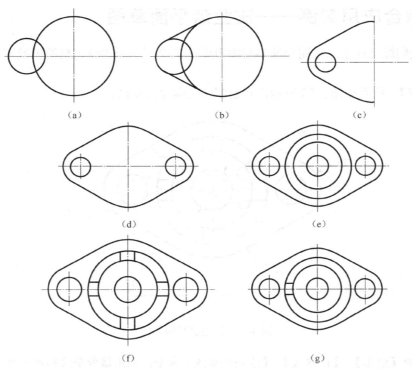

（a）　　　　　　　　（b）　　　　　　　　（c）

（d）　　　　　　　　　　　　　（e）

（f）　　　　　　　　　　　　　（g）

图 3-36　绘制法兰盘平面草图

图 3-37　【旋转】对话框

3.4　思考与练习

1．思考题

（1）倒角的方式有哪几种？具体如何操作？

（2）修剪的方式有哪几种？具体如何操作？

（3）简述镜像和旋转的具体操作步骤。

（4）简述复制、平移和补正的具体操作步骤。

2．上机题

绘制如图 3-38 所示的各平面图形。

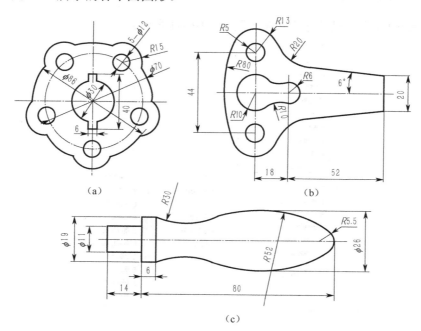

（a）

（b）

（c）

图 3-38　绘制平面图形

第4章

二维图形标注及图案填充

Mastercam 绘制的二维图除了可以作为草图来生成三维模型以外，还可以另存为二维工程图。二维工程图中，除了用图形表达所需要表达的形状外，图形的大小、技术要求、注释等信息还需要通过标注来完成，而且有时还需要利用图案填充来表达剖切面等结构。

本章介绍 Mastercam X5 中常用的二维图形的尺寸标注、注释文字和剖面线的绘制方法。

4.1　基本命令简介

本章的基本命令主要包括尺寸的设置及标注、文字注解、标注更新及图案填充等几部分，本节简单介绍其基本用法。

4.1.1　尺寸标注

Mastercam X5 中，尺寸标注的命令菜单如图 4-1 所示。

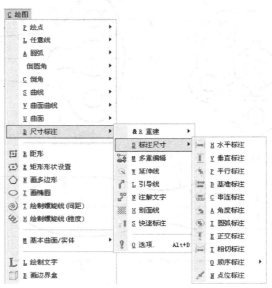

图 4-1　尺寸标注菜单

1．尺寸标注的设置

在进行尺寸标注之前，应该先根据国标要求进行设置，使标注出的尺寸尽可能符合我国国家标准的规定。

选择【绘图】/【尺寸标注】/【选项】命令，系统会弹出【尺寸标注设置】对话框，如图 4-2 所示。

（1）首先在【尺寸属性】选项卡中设置好小数位数、比例，其他参数保持默认值。

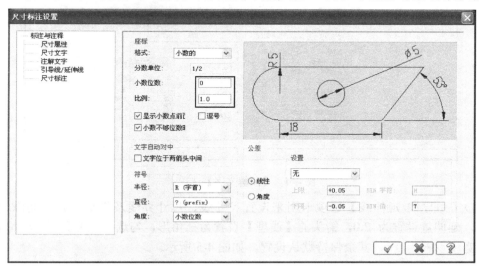

图 4-2　【尺寸标注设置】对话框

（2）在【尺寸文字】选项卡中设置好字体高度（根据图纸幅面），将【文字定位方式】设置为"与标注同向"，其他参数保持默认值，如图 4-3 所示。

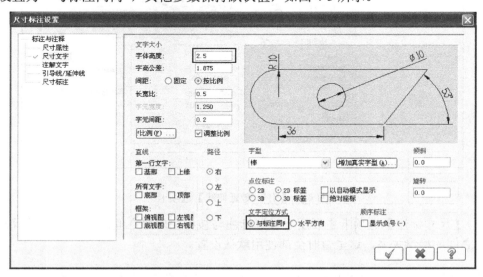

图 4-3　【尺寸文字】选项卡

（3）【注解文字】选项卡和【尺寸文字】选项卡类似，用于设置注释文字的属性和对齐方式，该选项卡一般不用于尺寸标注，暂时保持默认设置。

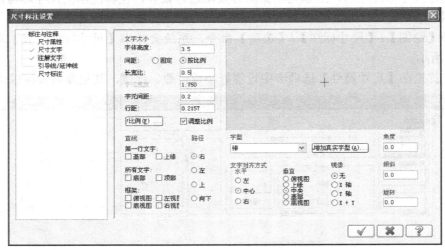

图 4-4 【注解文字】选项卡

（4）【引导线/延伸线】选项卡用来设置尺寸线、尺寸界线及箭头，其中间隙设置为0.0001，延伸量设置为 2.0，箭头的【线型】设置为三角形，勾选【填充】，箭头高度设置为 2，宽度设置为 0.5，其余保持默认设置，如图 4-5 所示。

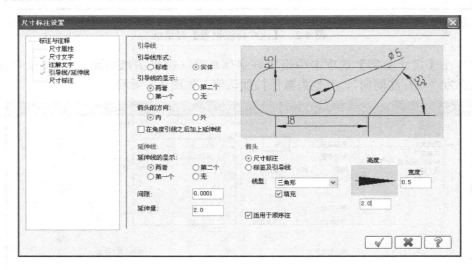

图 4-5 【引导线/延伸线】选项卡

（5）【尺寸标注】选项卡主要用于设置标注与被标注对象之间的关联性、显示方式以及标注之间的增量关系，这里暂时全部使用默认设置。

📖 提示：Mastercam 中的尺寸标注无法完全按照我国的国家标准设置，以上设置是以线性尺寸为例，其他尺寸标注可以根据需要稍作调整。

2．常见尺寸的标注

（1）水平标注

该命令用于标注两点间水平距离的线性尺寸，如图 4-6 中的尺寸 93。

选择【绘图】/【尺寸标注】/【标注尺寸】/【水平标注】命令，根据系统提示依次选择需要标注的两点，然后拖动尺寸到合适的位置，单击鼠标左键，即可完成。

（2）垂直标注

该命令用于标注两点间垂直距离的线性尺寸，如图 4-6 中的尺寸 46。

选择【绘图】/【尺寸标注】/【标注尺寸】/【垂直标注】命令，根据系统提示依次选择需要标注的两点，然后拖动尺寸到合适的位置，单击鼠标左键，即可完成。

（3）平行标注

该命令用于标注两点间直接的线性尺寸，如图 4-6 中的尺寸 104。

选择【绘图】/【尺寸标注】/【标注尺寸】/【平行标注】命令，根据系统提示依次选择需要标注的两点，然后拖动尺寸到合适的位置，单击鼠标左键，即可完成。

（4）基准标注

该命令用于标注并联尺寸，即以已标注的一个尺寸为基准来并联标注下一个尺寸。

选择【绘图】/【尺寸标注】/【标注尺寸】/【基准标注】命令，根据系统提示首先选择需作为基准的一个尺寸，然后给定第二点即可。如图 4-7 中的尺寸 78 是以尺寸 21 为基准标注的并联尺寸。

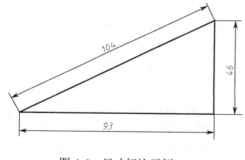

图 4-6　尺寸标注示例 1

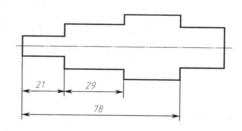

图 4-7　尺寸标注示例 2

（5）串连标注

该命令用于标注串连尺寸，即以已标注的一个尺寸为基准来串连标注下一个尺寸。

选择【绘图】/【尺寸标注】/【标注尺寸】/【串连标注】命令，根据系统提示首先选择需作为基准的一个尺寸，然后给定第二点即可。如图 4-7 中的尺寸 29 是以尺寸 21 为基准标注的串连尺寸。

（6）角度标注

该命令用于标注两图素间的夹角或者圆心角。

选择【绘图】/【尺寸标注】/【标注尺寸】/【角度标注】命令，根据系统提示分别选择两直线，然后拖动尺寸到合适的位置，单击鼠标左键放置即可，如图 4-8 所示。

📖 提示：按照我国国家标准规定，角度的尺寸数字应水平写，需进行相应设置，这里不再赘述。

（7）圆弧标注

该命令用于标注圆或圆弧的半径或直径。

选择【绘图】/【尺寸标注】/【标注尺寸】/【圆弧标注】命令，根据系统提示选择需标注的圆或圆弧，然后拖动尺寸到合适的位置，单击鼠标左键放置即可，如图 4-9 所示。

📖 提示：按照我国国家标准规定，大于半圆的圆弧应标注直径，小于等于半圆的圆弧应标注半径，在 Mastercam 中凡是圆弧默认时候都会自动标注半径，这一点需进行修改。

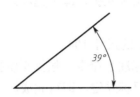 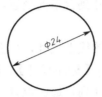 

图 4-8　角度标注示例　　　　图 4-9　圆和圆弧标注示例

（8）相切标注

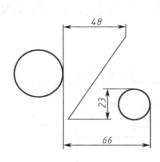

图 4-10　相切标注示例

该命令用于标注圆或圆弧的象限点之间、直线的端点或其他圆弧的象限点之间的水平或垂直距离，如图 4-10 所示的几个尺寸。

选择【绘图】/【尺寸标注】/【标注尺寸】/【相切标注】命令，根据系统提示依次选择需标注的圆或圆弧，然后拖动尺寸到合适的位置，单击鼠标左键放置即可。

（9）顺序标注

该命令用于标注以一个点为基准，其他各给定点与该基准点的距离。【顺序标注】的方式比较多，其子菜单如图 4-11 所示，标注示例如图 4-12 所示，使用的分别是【垂直顺序标注】和【平行顺序标注】。

 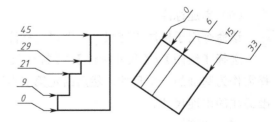

图 4-11　【顺序标注】子菜单　　　　图 4-12　顺序标注示例

使用【自动标注顺序尺寸】的方式时，系统会弹出如图 4-13 所示对话框。对话框内的【原点】用于设置基准点；【点】用来设置标注点的类型；【选项】用来设置标注的格式；【创建】用来设置标注的类型。设置完后可以自动生成顺序尺寸。

（10）点位标注

该命令用于标注指定点的坐标值，如图 4-14 所示。

选择【绘图】/【尺寸标注】/【标注尺寸】/【点位标注】命令，根据系统提示选择需标注的图素上的点，然后拖动到合适的位置，单击鼠标左键放置即可。

图 4-13 【自动标注顺序尺寸】对话框

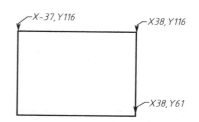

图 4-14 【点位标注】示例

（11）快速标注

快速标注命令是一种智能标注方法，可以根据所选图素智能地生成尺寸。此外还可以用来编辑修改已标注的尺寸。

选择【绘图】/【尺寸标注】/【快速标注】命令，系统会弹出如图 4-15 所示【快速标注】工具栏，可以根据需要进行设定（一般情况下保持默认即可），然后即可进行标注。

图 4-15 【快速标注】工具栏

（12）多重编辑

该命令的作用是编辑修改已标注的尺寸。

选择【绘图】/【尺寸标注】/【多重编辑】命令，选择需编辑修改的尺寸，然后单击结束选择按钮，即可弹出【尺寸标注设置】对话框进行编辑修改。

4.1.2 文字注释

1．注解文字

绘制工程图样时，经常需要用文字加以说明，比如某些技术要求，注解文字命令就是用来完成这类功能的。

选择【绘图】/【尺寸标注】/【注解文字】命令，系统会弹出如图 4-16 所示【注解文字】对话框，输入需标注的文字、设置好参数，然后即可在指定位置放置文字。

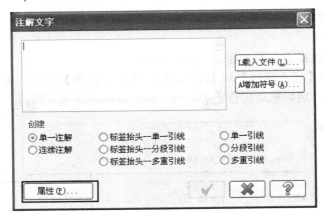

图 4-16 【注解文字】对话框

- 注意：默认字体只支持西文，如果要写汉字，需单击【属性】按钮，系统弹出【注解文字】对话框，如图 4-17 所示，再单击【增加真实字型】按钮，系统弹出【字体】对话框，如图 4-18 所示，选择字体为"仿宋体"，并设置合适的字形和大小，单击【确定】按钮，并依次关闭各设置对话框，然后再输入相应汉字即可。

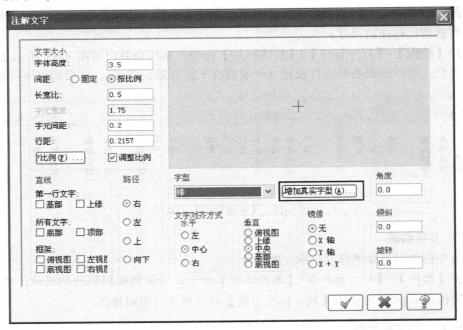

图 4-17 【注解文字】对话框

2. 延伸线

延伸线指的是在注释文字和所注图素之间的一条直线，也就是通常所说的指引线。

选择【绘图】/【尺寸标注】/【延伸线】命令，然后分别指定延伸线的起始点和终点即可，如图 4-19 中"磨削"的延伸线。

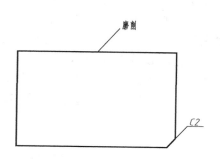

图 4-18 【字体】对话框

图 4-19 延伸线和引导线示例

> 📖 提示：延伸线的起始点要靠近被标注图素，终点应靠近注解文字。

3. 引导线

引导线和延伸线类似，一般是用来在文字注释时做引用的，不同之处是引导线可以带指引箭头并且可以画成折线。机械图样中的引导线类型可以在【尺寸标注设置】对话框中的【引导线/延伸线】选项卡中进行设置，如图 4-20 中框选的参数，即将箭头设置为"无"。

选择【绘图】/【尺寸标注】/【引导线】命令，然后分别指定引导线的起始点和终点，按 Esc 键即可，如图 4-19 中 C2 的引导线。

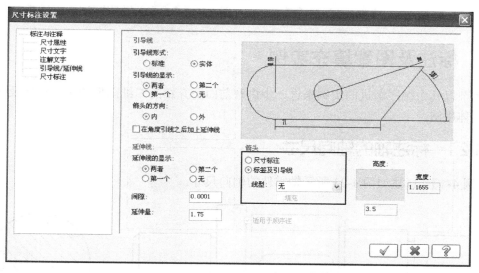

图 4-20 引导线的设置

4.1.3 图案填充

图案填充就是在封闭线框中自动绘制一些指定的图形，在机械图样上主要用来绘制剖面线。

选择【绘图】/【尺寸标注】/【剖面线】命令，系统会弹出如图 4-21 所示【剖面线】对话框，选择所需的图样类型，并且可以编辑间距、角度参数。如果系统自带的图样没有满足要求的，可以单击【用户定义的剖面线图样】，系统会弹出【自定义剖面线图样】对话框进行设置，如图 4-22 所示。

选择或者设置好填充图样后，单击【确定】按钮 √ ，然后选择需图案填充的外边界，如果还有内边界等其他边界，依次选取，即可完成图案填充。

图 4-21 【剖面线】对话框

图 4-22 【自定义剖面线图样】对话框

4.2 标注及图案填充实例

本节以几个循序渐进的实例来进一步讲解前面所介绍的二维图形的尺寸标注及图案填充的具体用法。

4.2.1 标注轴的轴向尺寸

【例 4-1】 标注如图 4-23 所示轴零件的轴向尺寸。

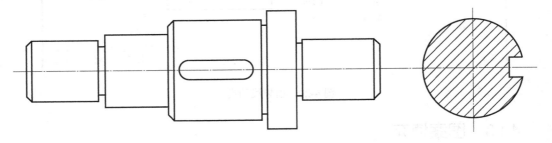

图 4-23 轴

[1] 选择【绘图】/【尺寸标注】/【选项】命令，在弹出的【尺寸标注设置】对话框中，根据前面所讲的方式设置好尺寸数字、尺寸线、尺寸界线、尺寸箭头等。

[2] 选择【尺寸标注】中的【水平标注】命令，依次给出零件轮廓线最左端和最右端的端点，标注出零件总长 124，用同样的方式注出 29、84 ，注意尺寸 84 应先给出右边点再给出左边点，即该尺寸从右向左标注，以方便后面并联尺寸的标注，如图 4-24 所示。

📖 提示：标注尺寸应该大尺寸在外、小尺寸在内，所以标注上述尺寸的时候应该给其他尺寸留出空间。

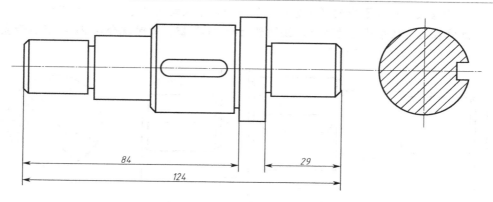

图 4-24　轴向尺寸标注第一步

[3] 选择【尺寸标注】中的【基准标注】命令，选择尺寸 84，然后依次单击尺寸 57 和 35 的左侧端点相对应的轮廓线上的点，注出尺寸 57 和 35；此时如果尺寸数字的位置不正确，可以选择【绘图】/【尺寸标注】/【快速标注】命令，然后选择相应尺寸即可编辑尺寸数字的位置，结果如图 4-25 所示。

📖 提示：在标注这两个尺寸之前，应保证在【尺寸标注设置】对话框中，已经将【基线的增量】进行了如图 4-26 的设置（保证 Y 值为负数，并且增量大于字高）。

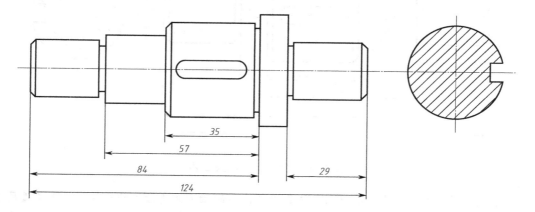

图 4-25　轴向尺寸标注第二步

图 4-26　基线增量的设置

4.2.2　标注并编辑轴的径向及其他尺寸

【例 4-2】　标注如图 4-27 所示轴零件的其他尺寸。

[1] 选择【尺寸标注】中的【垂直标注】命令，依次给定尺寸ϕ21 所对应的两个端点，注意在拖动数字放置的时候，按键盘上的"D"键，此时就会在 21 之前显示直径符号"ϕ"，如图 4-27 所示.

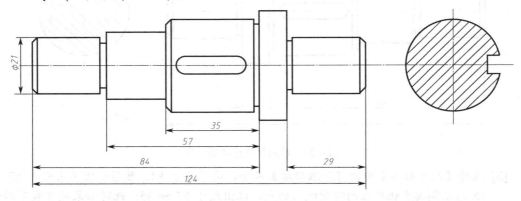

图 4-27　径向尺寸标注第一步

[2] 用相同的方法标注出其他径向尺寸，如图 4-28 所示。

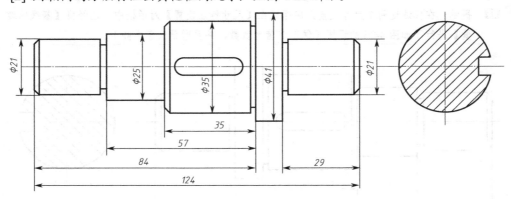

图 4-28　径向尺寸标注第二步

[3] 选择【尺寸标注】中的【引导线】命令，绘制轴上倒角标注的延伸线；选择【尺寸标注】中的【注解文字】命令，在弹出的【注解文字】对话框中填入"C2"，选择【单一注解】方式，单击【确定】按钮 ✓，如图 4-29 所示，在倒角延伸线上指

定一点放置注释文字，结果如图 4-30 所示。

📖 提示：在【注解文字】对话框中可以通过单击【属性】按钮，重新设置文字的相关参数，方式和前面尺寸参数设置时相同。

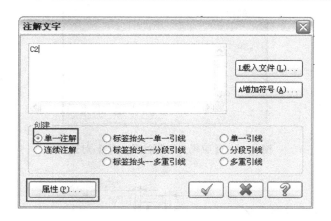

图 4-29　【注解文字】对话框

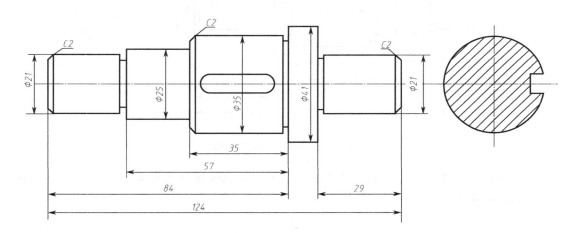

图 4-30　径向尺寸标注第三步

[4] 选择【尺寸标注】中的【水平标注】命令，分别标注出退刀槽的轴向尺寸；在退出尺寸标注前，单击【尺寸标注】工具栏中的【调整文字】按钮🔤，如图 4-31 所示，系统弹出【编辑尺寸标注的文字】对话框，将文字内容改为"2X2"，如图 4-32 所示，单击【确定】按钮 ✓。用同样的方式编辑修改另一个退刀槽的尺寸，最终结果如图 4-33 所示。

图 4-31　【尺寸标注】工具栏

图 4-32　【编辑尺寸标注的文字】对话框

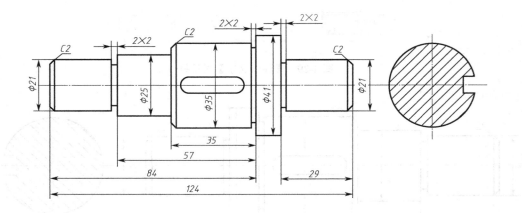

图 4-33　径向尺寸标注第四步

[5] 分别使用【水平标注】和【垂直标注】命令标注键槽的有关尺寸，最终结果如图 4-34 所示。

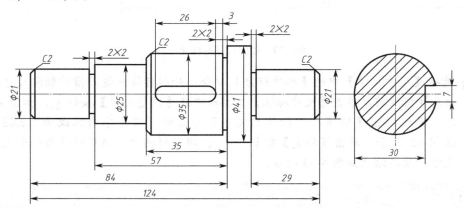

图 4-34　最终结果

4.2.3 顶垫剖切面图案填充

【例4-3】 将如图4-35所示顶垫主视图进行图案填充。

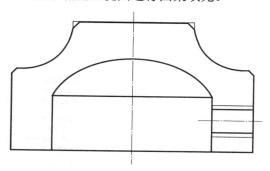

图4-35 顶垫图例

[1] 选择【编辑】/【修剪/打断】/【在交点处打断】命令，根据提示框选所有的图线，
在交点处打断。

📖 提示：Mastercam 的图案填充，在选择需填充的区域时，要求所有交点必须是断开的，否则不
能正确进行图案填充。

[2] 选择【尺寸标注】中的【剖面线】命令，系统弹出【剖面线】对话框，如图 4-36
所示，选择合适的图样，设置好间距、角度，单击【确定】按钮 ✔ 。

图4-36 【剖面线】对话框

[3] 系统弹出【串连选项】对话框，选中图4-37中箭头所示选项，然后依次选择图4-39（a）
中加粗的封闭轮廓的边线，单击【确定】按钮 ✔ ，结果如图4-39（b）所示。

📖 提示：如需修改【串连选项】的串连方式，可以单击【选项】按钮 ⚟ ，系统会弹出如
图4-38所示的对话框，可以设置串连选项的相关参数。

[4] 重复第[3]步的操作，选择上面需要图案填充的小封闭区域，如图 4-39（c）所示加粗的区域，最终结果如图 4-39（d）所示。

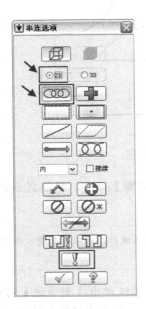

图 4-37 【串连选项】对话框 　　图 4-38 【串连选项】子对话框

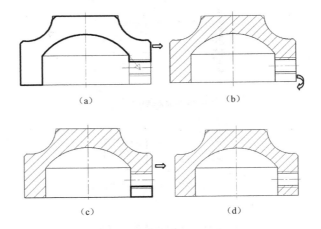

图 4-39 图案填充过程

4.2.4 标注顶垫的尺寸并编辑修改

【例 4-4】 标注上例中顶垫的尺寸，并对尺寸位置进行调整。

[1] 选择【绘图】/【尺寸标注】/【选项】命令，根据图幅和图形的大小设置尺寸的格

式；选择【尺寸标注】中的【水平标注】命令，依次标注视图中的直径尺寸 $\phi30$、$\phi40$、$\phi60$。注意在非圆视图上标注直径时，要在尺寸定位时按键盘上的"D"键，以使尺寸数字前加上直径符号"ϕ"，如图 4-40 所示。

[2] 选择【尺寸标注】中的【垂直标注】命令，依次标注视图中的三个垂直尺寸，结果如图 4-41 所示。

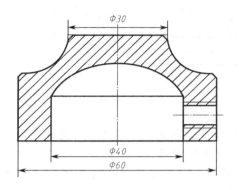

图 4-40　标注尺寸步骤一

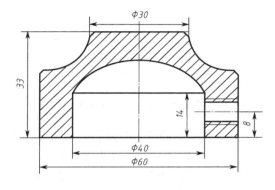

图 4-41　标注尺寸步骤二

[3] 选择【尺寸标注】中的【圆弧标注】命令，依次标注图中的两端圆弧半径 R12 及 SR25，由于 SR25 圆弧为球面，所以要将标注的 R25 变成 SR25。在标注该尺寸时，如图 4-42 所示，单击【尺寸标注】工具栏中的【调整文字】按钮，如图 4-43 所示，系统会弹出【编辑尺寸标注的文字】对话框，如图 4-44 所示，更改文字内容，然后关闭窗口放置尺寸即可，结果如图 4-45 所示。

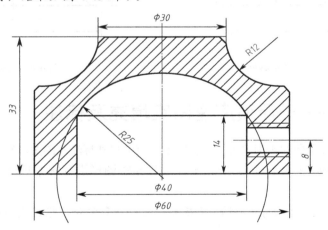

图 4-42　标注圆弧

图 4-43　【尺寸标注】工具栏

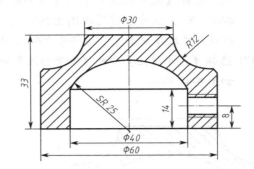

图 4-44　【编辑尺寸标注的文字】对话框　　　　　　图 4-45　标注尺寸步骤三

[4] 利用类似的方法标注出其余尺寸，尺寸 C1.5 需用注解文字方式标注并进行旋转，尺寸 M8 须修改文字内容，这里不再赘述，如图 4-46 所示。

[5] 选择【绘图】/【尺寸标注】/【快速标注】命令，然后依次选择位置不合适的尺寸，将其移动到合适的位置，结果如图 4-47 所示。

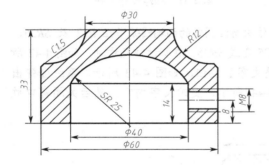

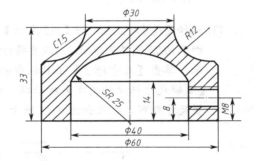

图 4-46　标注尺寸步骤四　　　　　　　　　图 4-47　最终结果

4.3　实例——千斤顶底座图案填充及标注

本节以一个比较全面的实例来进一步巩固本章有关尺寸标注及图案填充命令的具体用法。

【例 4-5】　将如图 4-48（a）所示千斤顶底座的图形进行图案填充及尺寸标注，完成图如图 4-48（b）所示。

[1] 选择【编辑】/【修剪/打断】/【在交点处打断】命令，根据提示将视图中所有的轮廓线在交点处打断。

[2] 选择【尺寸标注】中的【剖面线】命令，系统弹出【剖面线】对话框，选择合适的图样，设置好间距、角度，单击【确定】按钮　✓　。

[3] 系统弹出【串连选项】对话框，选中图 4-49 中箭头所示选项，然后依次在需填充的区域单击鼠标，单击【确定】按钮　✓　，结果如图 4-50 所示。

[4] 选择【绘图】/【尺寸标注】/【选项】命令，在弹出的【尺寸标注设置】对话框中，根据前面所讲的方式设置好尺寸数字、尺寸线、尺寸界线、尺寸箭头等。

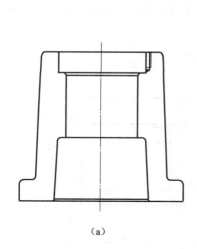

（a）

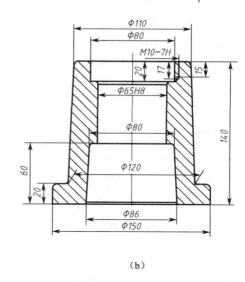

（b）

图 4-48　综合实例

[5] 选择【尺寸标注】中的【水平标注】命令，依次给定所有直径尺寸所对应的两个端点，注意在拖动数字放置时，按键盘上的"D"键，此时就会在数字之前显示直径符号"ϕ"，如图 4-51 所示。

[6] 选择【尺寸标注】中的【垂直标注】命令，依次标注所有的垂直尺寸，结果如图 4-52 所示。

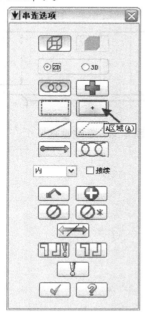

图 4-49　【串连选项】对话框

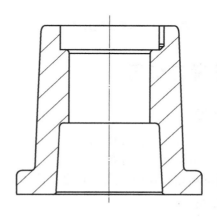

图 4-50　图案填充

[7] 选择【尺寸标注】中的【水平标注】命令，标注如图 4-53 所示的水平尺寸。选择

【绘图】/【尺寸标注】/【快速标注】命令，然后选中该尺寸，在弹出的【尺寸标注】工具条中单击【选项】按钮，修改尺寸格式，结果如图 4-54 所示，最终结果如图 4-48（b）所示。

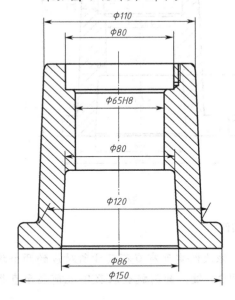

图 4-51　标注直径尺寸　　　　　　　　图 4-52　标注垂直尺寸

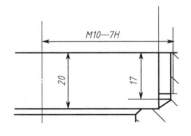　　　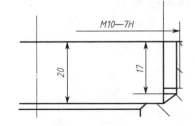

图 4-53　标注直径尺寸　　　　　　　　图 4-54　标注垂直尺寸

4.4　思考与练习

1．思考题

（1）如何设置尺寸标注样式？

（2）如何编辑修改尺寸数值？

（3）图案填充有几种方式？简述其具体实现步骤。

2．上机题

（1）绘制如图 4-55 所示的平面图形并标注尺寸。

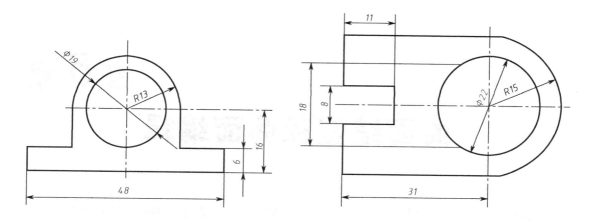

图 4-55　标注尺寸

（2）绘制如图 4-56 所示平面图形并标注尺寸和进行图案填充。

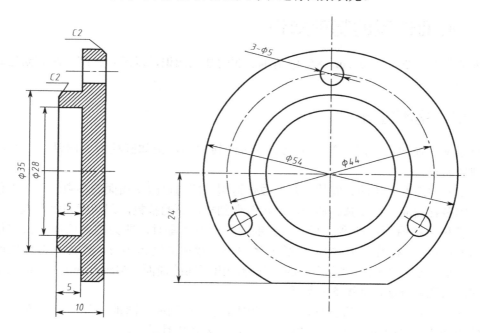

图 4-56　标注尺寸并图案填充

第5章

曲面造型及曲面编辑

曲面造型在 CAD/CAM 软件中是比较重要的功能，因为除了满足三维造型以外，刀具路径的生成一般也建立在曲面的基础上。Mastercam X5 提供了常用的绘制曲面的方法及通过编辑功能生成曲面的方法。本章主要介绍各种生成曲面及编辑曲面的基本方法和实例。

5.1 曲面造型的基础知识

本节我们介绍 Mastercam X5 中基本曲面的基础知识，以及各种高级曲面创建命令的使用方法。

5.1.1 基本曲面

所谓基本曲面，一般指的是常见的规则回转曲面，例如圆柱面、圆锥（台）面、球面、圆环面等。

基本曲面造型方法的共同特点是参数化造型，即通过改变曲面的参数，可以方便地绘出同类的多种曲面。比如圆柱曲面，通过改变圆柱曲面的参数，即高度和底面直径，可以绘制出各种圆柱曲面；圆锥曲面，当其锥顶直径不为零时，即为圆台曲面；长方体曲面（平面是曲面的一种特殊形式），当长方体的长、宽和高度相等时，即为正方体曲面；球面、圆环曲面也可以通过给定不同的参数绘制出不同的曲面。Mastercam X5 提供了五种基本曲面的造型方法，如图 5-1 所示。

在 Mastercam 中，这五种基本曲面的创建方法和圆柱、圆锥（台）、长方体、球体、圆环体的创建方法相同，因此我们放在下一章实体创建时讲述。

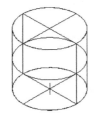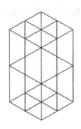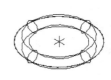

图 5-1　基本曲面

5.1.2 高级曲面

高级曲面是指除了基本曲面以外的曲面。高级曲面的形状多种多样,本节简单介绍几种常用的高级曲面的生成方法。

1. 直纹/举升曲面

直纹/举升曲面是由两个或两个以上截面图形连接生成的,截面图形之间可以平行也可以不平行,如图5-2(a)所示。举升曲面与直纹曲面不同的是:直纹曲面是由一组直线连接截面图形,如图5-2(b)所示;举升曲面是由一组曲线连接截面图形,如图5-2(c)所示。

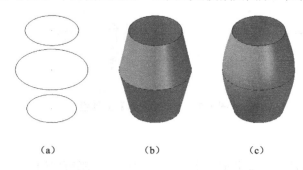

(a)   （b）   （c）

图5-2 直纹/举升曲面

选择【绘图】/【曲面】/【直纹/举升曲面】命令,或者单击【曲面】工具栏中的图标命令 ，系统弹出【串连选项】对话框,依次选择截面图形,然后在弹出的【直纹/举升】工具栏上选择【直纹曲面】或【举升曲面】,确认即可,如图5-3所示。

图5-3 【直纹/举升】工具栏

生成直纹曲面或者举升曲面时,要注意各个截面图形串接时的起始点,对于相同的截面图形,串接起始点选择不同,生成的曲面差别很大。因此如果不想生成的曲面产生扭曲,选择起始点的时候应当在同一位置。

2. 旋转曲面

旋转曲面是由一条母线绕着一根轴线旋转而成的,旋转的角度可以在0º～360º之间任意选择,如图5-4所示。

选择【绘图】/【曲面】/【旋转曲面】命令,或者单击【曲面】工具栏中的图标命令 ，系统弹出【串连选项】对话框,选择母线后,单击【串连选项】中的【确定】按钮 ，系统会弹出【旋转曲面】工具栏,如图5-5所示。此时给定起始角度和终止角度值,选择轴线,单击工具栏中的【确定】按钮 即可。

图 5-4　旋转曲面

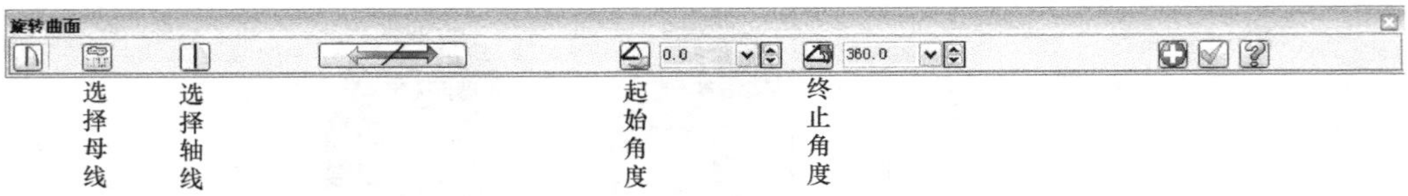

```
旋转曲面
  选        选                        起            终
  择        择                        始            止
  母        轴                        角            角
  线        线                        度            度
```

图 5-5　【旋转曲面】工具栏

3．曲面补正

曲面补正的作用是将已知曲面沿着法线方向偏移，既可以沿着法线方向移动偏移，也可以复制偏移，如图 5-6 所示。

图 5-6　曲面补正

选择【绘图】/【曲面】/【曲面补正】命令，或者单击【曲面】工具栏中的图标命令，选择需补正的曲面，选择完成后单击【结束选择】按钮，系统弹出【补正曲面】工具栏，如图 5-7 所示。设置好补正距离等相关参数，单击工具栏中的【确定】按钮即可。

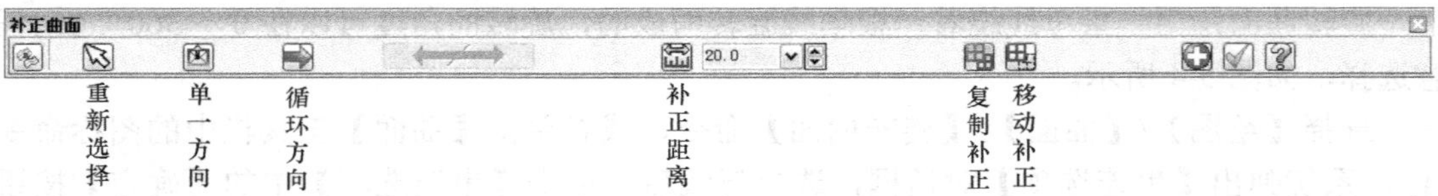

```
补正曲面
  重      单      循                补              复  移
  新      一      环                正              制  动
  选      方      方                距              补  补
  择      向      向                离              正  正
```

图 5-7　【补正曲面】工具栏

4．扫描曲面

扫描曲面是由截面曲线沿着引导曲线移动而形成的。扫描曲面形成中，可以选择多条截面曲线和一条引导曲线，如图 5-8 所示是由三条截面曲线和一条引导曲线生成的扫描曲面。

选择【绘图】/【曲面】/【扫描曲面】命令，或者单击【曲面】工具栏中的图标命令，系统会弹出【串连选项】对话框和【扫描曲面】工具栏，如图 5-9 所示。依次选择截面曲线，选择完成后单击【串连选项】中的【确定】按钮 ✓ ，接着选择引导曲线，并设置相关参数，单击工具栏中的【确定】按钮 ✓ 即可。

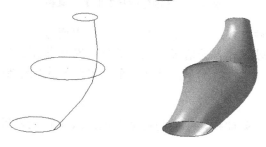

图 5-8　扫描曲面

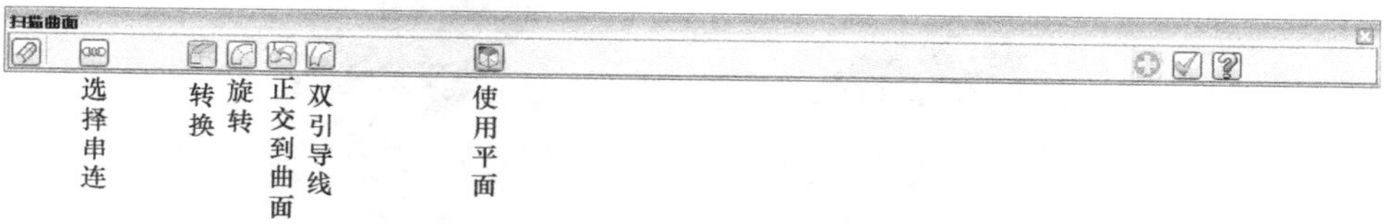

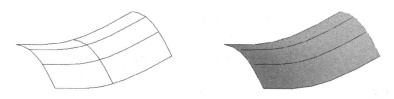

图 5-9　【扫描曲面】工具栏

扫描曲面形成时，同样要注意各截面曲线串接起始点的位置，当扫描曲面是由多条截面曲线和一条引导曲线形成时，其操作与形成直纹曲面和举升曲面的操作类似。

比较这三种曲面可以发现：当直纹曲面和举升曲面的截面曲线一定时，形成的曲面是唯一的；而对于扫描曲面而言，曲面的最终形成还取决于引导曲线。因此扫描曲面形成时可选择的变化较多，可以形成复杂的曲面。

5．网状曲面

网状曲面是由一些小曲面片按照边界条件平滑连接形成的一种不规则曲面，如图 5-10 所示。由于多个平滑连接的小曲面片组合起来像一个网，所以叫做网状曲面。

图 5-10　网状曲面

选择【绘图】/【曲面】/【网状曲面】命令，或者单击【曲面】工具栏中的图标命令 田，系统会弹出【串连选项】对话框和【创建网状曲面】工具栏，如图 5-11 所示，选择构成网状曲面的串连要素即可。

串　顶
连　点

图 5-11　【创建网状曲面】工具栏

构建网状曲面有两种方式：自动串连方式和手动串连方式，前者主要用于较少分歧点的情况，而后者用于分歧点较多的情况。在自动创建网状曲面的状态下，系统允许选择三个串连图素来定义曲面，多数情况下，是使用手动串连方式来绘制网状曲面的。

6．围篱曲面

围篱曲面是指通过一条曲线，生成与已知曲面法线垂直或者呈给定夹角的直纹面，如图 5-12 所示。

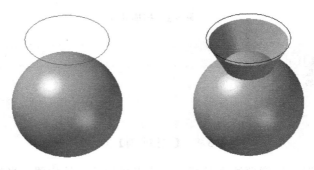

图 5-12　围篱曲面

选择【绘图】/【曲面】/【围篱曲面】命令，或者单击【曲面】工具栏中的图标命令 ，系统会弹出【创建围篱曲面】工具栏，如图 5-13 所示，选择已知曲面，然后选择给定曲线，设置好起始、终止高度以及生成方向等参数，即可生成所需的围篱曲面。

串　选　　熔　起　终　起　终
连　择　　接　始　止　始　止
　　曲　　方　高　高　角　角
　　面　　式　度　度　度　度

图 5-13　【围篱曲面】工具栏

📖　提示：给定曲线既可以在曲面上，也可以不在曲面上。

7．牵引曲面

牵引曲面是指将某一串连图素沿某一方向做牵引运动后生成的曲面，主要参数有牵引方向、牵引长度、牵引角度等，牵引曲面如图 5-14 所示。

图 5-14　牵引曲面

选择【绘图】/【曲面】/【牵引曲面】命令，或者单击【曲面】工具栏中的图标命令 ，系统会弹出【串连选项】对话框，选择好已知串连图素后，系统会弹出【牵引曲面】对话框，如图 5-15 所示，设定相关参数，即可完成牵引曲面的绘制。

【牵引曲面】对话框中各参数含义如下。

- 长度：表示牵引的距离由牵引长度给出。
- 平面：表示牵引曲面延伸至给定平面。
- ：设置牵引长度。
- ：设置真实长度，用于带拔模斜度的牵引曲面。
- ：设置拔模斜度的角度值。
- ：指定要牵引至哪一个平面。

图 5-15　【牵引曲面】对话框

8. 拉伸曲面

拉伸曲面和牵引曲面类似，不同之处是参数有所变化，而且生成的拉伸曲面上下是被平面封闭的，如图 5-16 所示。

选择【绘图】/【曲面】/【拉伸曲面】命令，或者单击【曲面】工具栏中的图标命令 ，系统会弹出【串连选项】对话框，选择好已知串连图素后，系统会弹出【拉伸曲面】对话框，如图 5-17 所示，设定相关参数，即可完成挤出曲面的绘制。

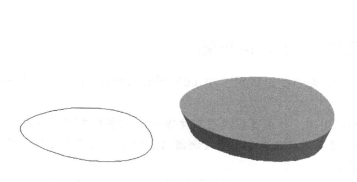

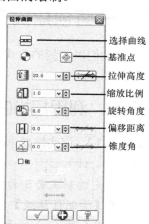

图 5-16　拉伸曲面　　　　　　图 5-17　【拉伸曲面】对话框

9. 由实体生成曲面

实体曲面是指将实体造型的表面剥离而形成的曲面。由于从三维实体造型可以获得一个复杂的曲面形状，相比从线框模型获得复杂曲面要容易得多。因此，对于复杂的曲面，可以考虑实体曲面的方法。

选择【绘图】/【曲面】/【由实体生成曲面】命令，或者单击【曲面】工具栏中的图标命令田，首先选择需剥离的曲面，选择完成后单击【结束选择】按钮，系统弹出【从实体到曲面】工具栏，如图 5-18 所示，设置相关参数即可剥离所需的曲面。由实体到曲面图例如图 5-19 所示。

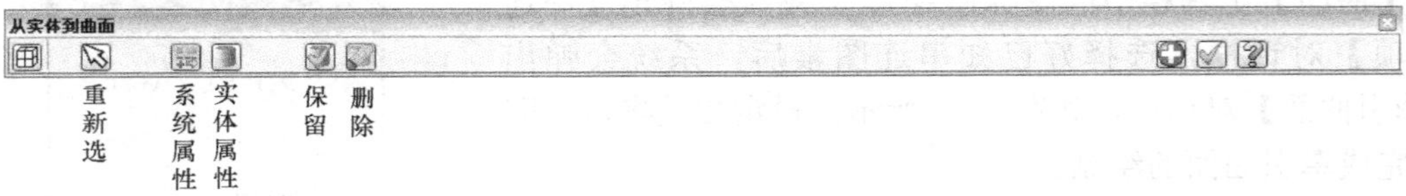

重新选　系统属性　实体属性　保留　删除

图 5-18　【从实体到曲面】工具栏

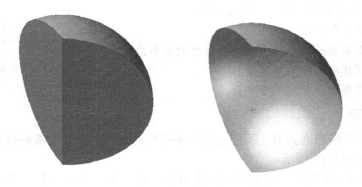

图 5-19　从实体到曲面

5.2 曲面创建实例

本节我们以实例的方式来进一步介绍 Mastercam X5 中各种曲面创建命令的具体使用方法和技巧。

5.2.1 利用扫描曲面创建 iPhone4 皮套

【例 5-1】 该实例要求利用扫描命令创建如图 5-20（d）所示 iPhone 皮套，尺寸参考图 5-20（a）、（b）。

[1] 首先绘制皮套曲面的截面图形，单击【前视图】按钮，切换到前视图方向，利用【绘制任意线】命令、【串连补正】命令和【倒圆角】命令，按照给定尺寸绘制如图 5-20（a）所示平面图形（小圆角 r0.2）。

[2] 绘制皮套曲面的扫描路径图形，单击【顶视图】按钮，切换到顶视图方向，选择【绘图】/【矩形形状设置】命令，按照给定尺寸绘制如图 5-20（b）所示图形。

[3] 调整视角，使用【平移】命令，移动截面图形使之与路径图形相交，单击【等视图】（轴测图）按钮 ⬡，切换到轴测图方向，显示结果如图 5-20（c）所示。

📖 提示：截面图形和路径图形不相交也可以生成扫面曲面，但是会导致生成的扫描曲面尺寸不准确。

[4] 选择【绘图】/【曲面】/【扫描曲面】命令，选择截面图形，单击【串连选项】中的【确定】按钮 ✓，接着选择路径图形（用串连方式），再次单击【串连选项】中的【确定】按钮 ✓ 即可，注意此时要使弹出的【扫描曲面】工具栏中的【旋转】按钮 ⬭ 选中，如图 5-21 所示。最终结果如图 5-20（d）所示。

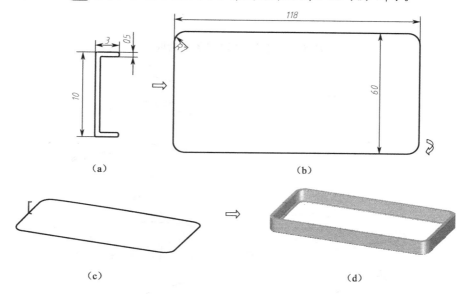

(a) (b)

(c) (d)

图 5-20 绘制 Iphone4 皮套

旋转

图 5-21 【扫描曲面】工具栏

5.2.2 利用构建网状曲面命令构建空间三维曲面

【例 5-2】 绘制如图 5-24 所示的网状曲面。

[1] 单击【顶视图】按钮 ⬡，将视角切换到顶视图方向，选择【绘图】/【画多边形】命令，在【坐标】工具栏中输入（0,0,0），如图 5-22 所示；在弹出的【多边形选项】对话框中输入边数为 3，半径为 20，如图 5-23 所示，单击【确定】按钮 ✓，绘制一个三角形。用同样的方法，分别以（0,0,-20）、（0,0,20）为中心，15 为半径，绘制另外两个三角形。

图 5-22 　【坐标】工具栏

图 5-23 　【多边形选项】对话框

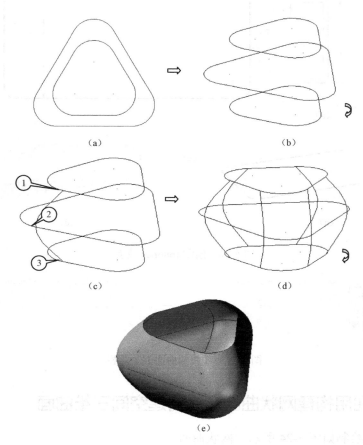

图 5-24 绘制网状曲面步骤

[2] 选择【绘图】/【倒圆角】/【串连倒圆角】命令，在弹出的【倒圆角】工具栏中设置圆角半径为 10，分别将三个三角形全部倒圆角，结果如图 5-24（a）所示。切换到【轴测图】，结果如图 5-24（b）所示。

[3] 选择【绘图】/【曲线】/【手动画曲线】命令，依次捕捉图 5-24（c）中的点 1、2、3，绘制一条曲线，如图 5-24（c）所示。

[4] 选择【绘图】/【曲线】/【手动画曲线】命令，依次捕捉圆角同侧的切点，绘制另 5 条曲线，如图 5-24（d）所示。

[5] 选择【绘图】/【曲面】/【网状曲面】命令，此时系统会弹出【串连选项】对话框，保持【串连选项】对话框中参数不变，依次选择三个带圆角三角形，然后按照顺序依次选择另外 6 条曲线，选择完成后，单击【串连选项】对话框中的【确定】按钮 ，最终结果如图 5-24（e）所示。

> 📖 提示：对于网状曲面，选择构成曲面的图线时，一定要注意选择次序，不同的次序可能会导致错误的网状曲面或者无法生成曲面。

5.2.3 利用围篱曲面命令构建叶轮三维曲面

【例 5-3】 利用构建围篱曲面命令绘制如图 5-25 所示的叶轮三维曲面（本实例主要讲述叶轮曲面的构建方法，具体尺寸不做确定）。

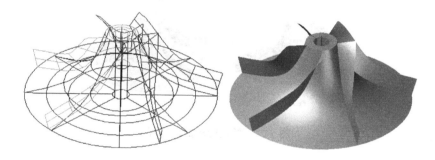

图 5-25 叶轮

[1] 利用【绘制任意线】命令和【手动画曲线】命令，绘制如图 5-26（a）所示图形。

[2] 选择【绘图】/【曲面】/【旋转曲面】命令，系统弹出【串连选项】对话框，此时选择绘制的封闭图形，单击【串连选项】对话框中的【确定】按钮 ，系统弹出【旋转曲面】工具栏，选择绘制的垂直线，单击工具栏中的【确定】按钮 ，结果如图 5-26（b）所示。

[3] 将视图切换到【顶视图】，绘制一条斜线，结果如图 5-26（c）所示。

[4] 选择【转换】/【投影】命令，首先选择上一步绘制的斜线作为需投影的图素，选择完成后单击【结束选择】按钮 ，此时系统弹出【投影】对话框，按照如图 5-27 所示方框内的内容进行设置，即选择【投影到曲面】，接着选择刚生成的旋转曲面，选择完成后单击【结束选择】按钮 ，单击【确定】按钮 ，即可生成如图 5-26（d）所示的投影线。

[5] 选择【绘图】/【曲面】/【围篱曲面】命令，系统会弹出【围篱曲面】工具栏，设置相关参数，如图 5-28 所示，选取曲面，接着选择刚才生成的投影线，单击【确定】按钮分别关闭【串连选项】对话框和【围篱曲面】工具栏，结果如图 5-26（e）所示。

[6] 切换到【顶视图】方向，选择【转换】/【旋转】命令，选择第[5]步生成的围篱曲面，单击【结束选择】按钮，系统弹出【旋转】对话框，如图 5-29 所示，设置次数为 5，整体旋转角度为 360，然后定义旋转中心，关闭相关对话框，结果如图 5-26（f）所示。

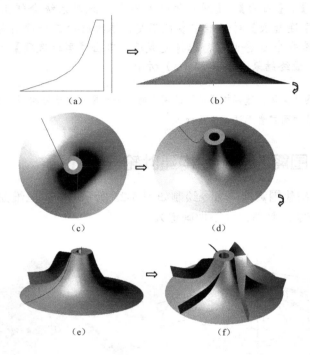

(a)　　　　　　　　(b)

(c)　　　　　　　　(d)

(e)　　　　　　　　(f)

图 5-26　绘制叶轮曲面过程

图 5-28　【围篱曲面】工具栏（部分）

图 5-27　【投影】对话框

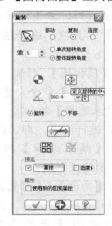

图 5-29　【旋转】对话框

5.3 编辑曲面

编辑曲面是由已生成的曲面通过编辑方法得到的，是一种复杂的曲面。实际应用时，高级曲面在生成以后常常会用到编辑曲面来进行进一步修改。Mastercam X5 提供了以下几种获得编辑曲面的方法。

5.3.1 曲面倒圆角

曲面倒圆角是在已知曲面上产生一组圆弧过渡，通常与一个或两个原曲面相切。在 Mastercam X5 中，曲面倒圆角包括 3 种操作，即曲面与曲面倒圆角、曲线与曲面倒圆角和曲面与平面倒圆角，菜单如图 5-30 所示。

图 5-30 【曲面倒圆角】菜单

1．曲面与曲面倒圆角

曲面与曲面倒圆角就是在两个曲面之间进行圆角处理，这是最常见的一种倒圆角方式，如图 5-32 所示。

选择【绘图】/【曲面】/【曲面倒圆角】/【曲面与曲面倒圆角】命令，或者单击【曲面】工具栏中的图标命令 ，如图 5-31 所示，选取曲面 1，单击【结束选择】按钮 ，选取曲面 2，单击【结束选择】按钮 ，此时系统弹出如图 5-33 所示【曲面与曲面倒圆角】对话框，设定相关参数，即可绘制出如图 5-32 所示的圆角。

> 📖 提示：为确保圆角构建在需要的外表面，有时需要通过修改法线方向来实现。

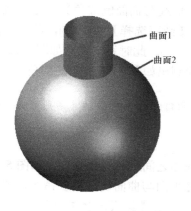

图 5-31 两曲面倒圆角前

图 5-32 两曲面倒圆角后

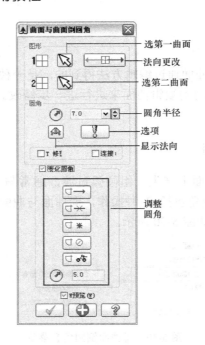

图 5-33　【曲面与曲面倒圆角】对话框

2．曲线与曲面倒圆角

曲线与曲面倒圆角就是在一条曲线和一个曲面之间进行圆角处理，如图 5-34 所示。

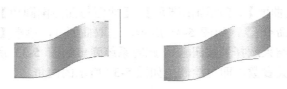

图 5-34　曲线与曲面倒圆角

　　选择【绘图】/【曲面】/【曲面倒圆角】/【曲线与曲面倒圆角】命令，或者单击【曲面】工具栏中的图标命令 🔲，选取曲面，单击【结束选择】按钮 🔲，此时会弹出【串连选项】对话框，选取曲线，单击【确定】按钮 ✓ ，此时系统弹出如图 5-35 所示【曲线与曲面倒圆角】对话框，设定相关参数，即可绘制出如图 5-34 所示的圆角。

　　📖　提示：为确保圆角构建成功，应设置合适的圆角大小和法线方向，否则可能提示错误。

3．曲面与平面倒圆角

曲面与平面倒圆角就是在一个平面和一个曲面之间进行圆角处理，如图 5-37 所示。

　　选择【绘图】/【曲面】/【曲面倒圆角】/【平面与曲面倒圆角】命令，或者单击【曲面】工具栏中的图标命令 🔲，然后选取曲面，单击【结束选择】按钮 🔲，此时会弹出【串连选项】对话框和如图 5-36 所示的【平面与曲面倒圆角】对话框，设定相关参数，即可绘制出如图 5-37 所示的圆角。同样，要注意法线方向的设置。

图 5-35 【曲线与曲面倒圆角】对话框

图 5-36 【平面与曲面倒圆角】对话框

图 5-37 平面与曲面倒圆角

5.3.2 曲面修剪

曲面修剪就是将已知曲面沿着指定的边界图素进行修整，边界图素可以是曲面、曲线或者平面。曲面修剪的菜单如图 5-38 所示。

1. 修整至曲面

以图 5-39 为例，选择【绘图】/【曲面】/【修剪】/【修整至曲面】命令，或者单击【曲面】工具栏中的图标命令⚙，然后选取圆柱面，单击【结束选择】按钮🔘，接着选取球面，单击【结束选择】按钮🔘，此时会弹出【曲面至曲面】工具栏，如图 5-40 所示，设定相关参数，根据提示指定需保留的曲面，即可绘制出如图 5-39 所示的图形。

📖 提示：修剪命令一般都是先选择边界图素，然后再选择被修剪图素。

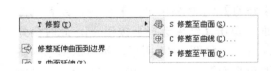

图 5-38 曲面【修剪】菜单　　　　　　图 5-39 修整至曲面

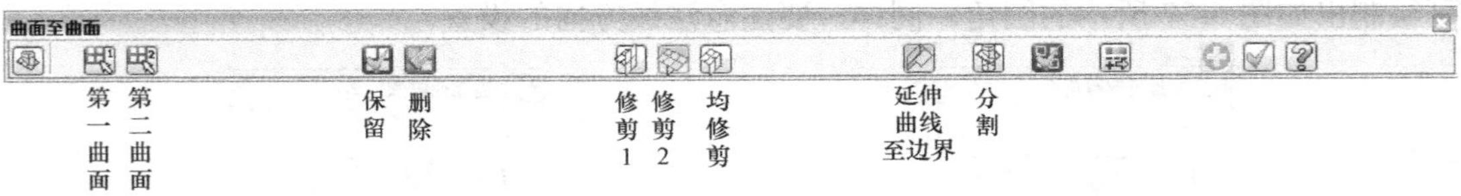

曲面至曲面

第一曲面　第二曲面　保留　删除　修剪1　修剪2　均修剪　延伸曲线至边界　分割

图 5-40　【曲面至曲面】工具栏

2. 修整至曲线

以图 5-41 为例，选择【绘图】/【曲面】/【修剪】/【修整至曲线】命令，或者单击【曲面】工具栏中的图标命令 ⊞，然后选取圆柱面和平面，单击【结束选择】按钮 █，此时会弹出【串连选项】对话框，接着选取圆，单击【确定】按钮 ✓，此时会弹出【曲面至曲线】工具栏，如图 5-42 所示，设定相关参数，根据提示指定需保留的曲面，即可绘制出如图 5-41 所示的图形。

📖 提示：修整至曲线命令需特别注意工具栏中的两个参数。图标 █ 表示垂直于当前构图面；图标 █ 表示垂直于待修剪曲面。选择后一种方式时还要给定合适的距离数值，否则会无法修剪。

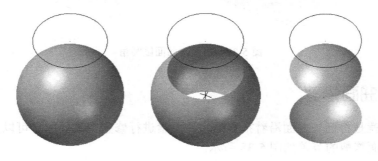

图 5-41　修整至曲线

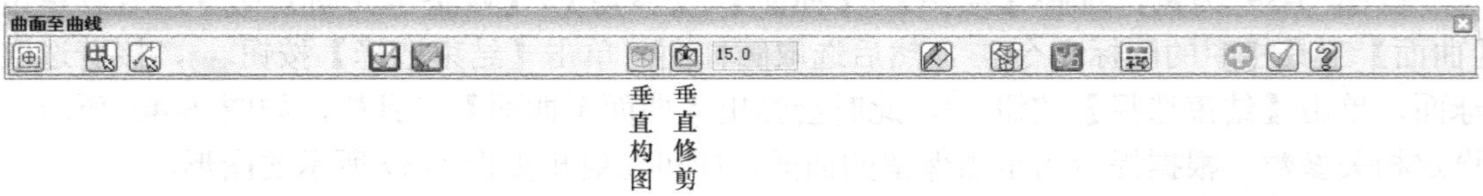

曲面至曲线

垂直构图　垂直修剪　15.0

图 5-42　【曲面至曲线】工具栏

3. 修整至平面

以图 5-43 为例，选择【绘图】/【曲面】/【修剪】/【修整至平面】命令，或者单击【曲面】工具栏中的图标命令 ♨，然后选取圆柱面，单击【结束选择】按钮 █，此时会弹出【平面选择】对话框，选中【选择图素】图标 ⌷，如图 5-44 所示，然后选择已知斜面，单击【确定】按钮 ✓，此时会弹出【曲面至平面】工具栏，如图 5-45 所示，设定相关参数，根据提示指定需保留的曲面，即可绘制出如图 5-43 所示的图形。

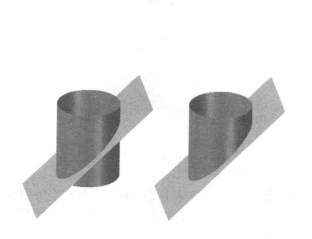

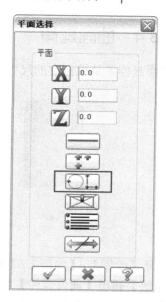

图 5-43　修整至平面　　　　　　　　图 5-44　【平面选择】对话框

图 5-45　【曲面至平面】工具栏

5.3.3　分割曲面

分割曲面就是按指定的位置和方向将一个曲面分割成几部分，如图 5-46 所示。

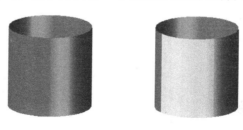

图 5-46　分割曲面

选择【绘图】/【曲面】/【分割曲面】命令，或者单击【曲面】工具栏中的图标命令
，系统会弹出【分割曲面】工具栏，如图 5-47 所示，选取需分割的圆柱面，然后指定
分割位置和分割方向，单击【确定】按钮即可。

图 5-47　【分割曲面】工具栏

5.3.4 曲面延伸

曲面延伸就是按指定的尺寸和方向将一个曲面延长，如图 5-48 所示。

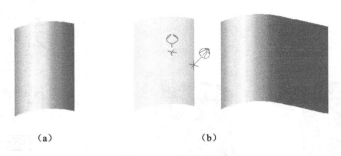

(a)　　　　　　　　　　　(b)

图 5-48　曲面延伸

选择【绘图】/【曲面】/【曲面延伸】命令，或者单击【曲面】工具栏中的图标命令
，系统会弹出【曲面延伸】工具栏，如图 5-49 所示，选取需延伸的曲面，然后指定延
伸位置和分割方向和距离，单击【确定】按钮即可。

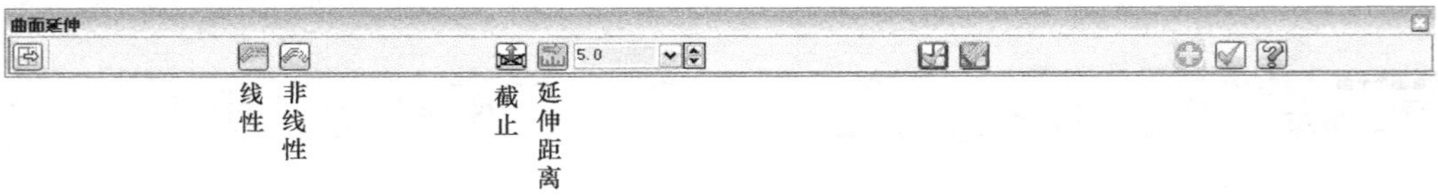

图 5-49　【曲面延伸】工具栏

【曲面延伸】工具栏中各参数含义如下。

- ：线性延伸。
- ：非线性延伸。
- ：选取延伸截止面。
- ：设定延伸距离。
- ：保留原曲面。
- ：删除原曲面。

5.3.5 曲面熔接

用曲面熔接方法可以生成复杂的多片曲面，Mastercam X5 提供了三种生成熔接曲面
的方法。

1. 两曲面熔接

两曲面熔接是将两个已存在曲面用熔接方法生成新的曲面，如图 5-50 所示。

选择【绘图】/【曲面】/【两曲面熔接】命令，或者单击【曲面】工具栏中的图标命
令，系统会弹出【两曲面熔接】对话框，如图 5-51 所示，依次选择需熔接的曲面及熔
接位置，单击【确定】按钮即可。

　提示：不同的熔接位置和方向，有可能生成完全不同的熔接结果。

（a）　　　　　　　　　　　　（b）

图 5-50　两曲面熔接

2．三曲面熔接

三曲面熔接是将三个已存在曲面用熔接方法生成新的曲面，如图 5-53 所示。

选择【绘图】/【曲面】/【三曲面熔接】命令，或者单击【曲面】工具栏中的图标命令 ，首先选择第一熔接面，移动箭头到需熔接的位置，按 F 键调整熔接曲线的方向后按 Enter 键，然后按同样的步骤处理第二、第三熔接面，系统会弹出【三曲面熔接】对话框，如图 5-52 所示，设置好相关参数，单击【确定】按钮 即可。

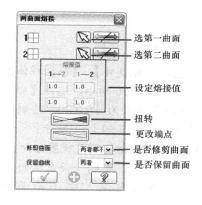

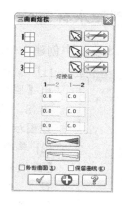

图 5-51　【两曲面熔接】对话框　　　图 5-52　【三曲面熔接】对话框

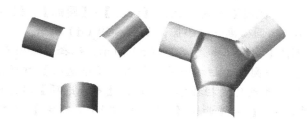

图 5-53　三曲面熔接

3．三圆角曲面熔接

三圆角曲面熔接是将三个已存在的圆角面用熔接方法生成新的光滑曲面，如图 5-54 所示。

选择【绘图】/【曲面】/【三个圆角曲面熔接】命令，或者单击【曲面】工具栏中的图标命令 ，然后依次选择三个已知圆角面，系统会弹出【三个圆角曲面熔接】对话框，如图 5-55 所示，设置相关参数，单击【确定】按钮  即可。

图 5-54　三圆角曲面熔接　　　　　　　　图 5-55　【三个圆角曲面熔接】对话框

> 提示：【三圆角曲面熔接】对话框中，设置【6】可创建 6 条边界的熔接曲面，比设置【3】
> 更光滑。

5.4　综合应用实例

5.4.1　创建水杯曲面

【例 5-4】　本实例中创建一个水杯曲面，尺寸不做具体规定。

图 5-56　【圆柱体】对话框

[1] 选择【绘图】/【基本曲面/实体】/【画圆柱体】命令，系统弹出【圆柱体】对话框，如图 5-56 所示，选择【曲面】方式，半径为 8，高度为 20，选择基准点为（0,0,0），绘制一个圆柱面，选择圆柱面的顶面并删除，如图 5-59（a）所示。

[2] 单击【前视图】按钮 ，切换到前视图方向，选择【绘图】/【曲线】/【后动画曲线】命令，绘制一条自由曲线表示手柄的路径，注意曲线的起止点应当深入杯子曲面内部，结果如图 5-59（b）所示。

[3] 切换到【轴测图】方向，如图 5-59（c）所示，切换到【右视图】方向，选择【绘图】/【圆弧】/【圆心+点】命令，捕捉曲线上面的端点为圆心画一个小圆，如图 5-59（d）所示。

[4] 切换到【轴测图】方向，如图 5-59（e）所示，选择【绘图】/【曲面】/【扫描曲面】命令，选择小圆作为扫描截面，单击【串连选项】对话框中的【确定】按钮 ，接着选择曲线作为扫描路径，单击【串连选项】对话框中的【确定】按钮 ，接着单击【扫描曲面】工具栏中的【确定】按钮 ，生成结果如图 5-59（f）所示。

[5] 选择【绘图】/【曲面】/【修剪】/【修剪至曲面】命令，选择手柄曲面，单击【结束选择】按钮 ，接着选择杯体曲面，单击【结束选择】按钮 ，此时系统弹出【扫描曲面】工具栏，如图 5-57 所示，此时要分别指定两曲面需保留部分，并在工具栏中按下【删除】和【两者】按钮，单击工具栏中的【确定】按钮 ，生成结果如图 5-59（g）所示。

删
除

两
者

图 5-57 【扫描曲面】工具栏

[6] 选择【绘图】/【曲面】/【曲面倒圆角】/【曲
面与曲面倒圆角】命令，选择杯子侧面，单
击【结束选择】按钮，接着选择杯子底
面，单击【结束选择】按钮，此时系统弹
出【曲面与曲面倒圆角】对话框，如图 5-58
所示，设置圆角半径为 2，勾选【修剪】方
式，单击【确定】按钮   即可，结果如
图 5-59（h）所示。

图 5-58 【曲面与曲面倒圆角】对话框

📖 提示：圆角半径应不与手柄下端干涉，否则可能无法倒圆角。

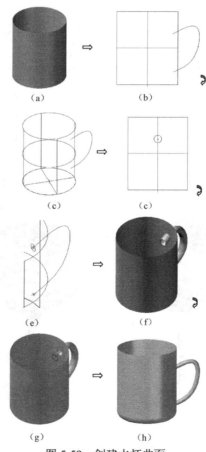

（a）   ⇒   （b）

（c）   ⇒   （c）

（e）   ⇒   （f）

（g）   ⇒   （h）

图 5-59 创建水杯曲面

5.4.2 创建酒杯

【例5-5】 绘制如图5-60（e）所示的高脚杯曲面。

[1] 切换到【前视图】方向，选择【绘图】/【曲线】/【手动画曲线】命令，绘制一条自由曲线，如图5-60（a）所示。

[2] 选择【绘图】/【任意线】/【绘制任意线】命令，绘制两条直线，如图5-60（b）所示。

[3] 选择【绘图】/【曲线】/【手动画曲线】命令，绘制另一条自由曲线，使图形封闭，如图5-60（c）所示。

[4] 选择【绘图】/【曲面】/【旋转曲面】命令，选择封闭图线为轮廓线，竖直的直线为轴线，绘制旋转曲面，切换到【轴测图】方向，如图5-60（d）所示。

[5] 选择【绘图】/【曲面】/【曲面倒圆角】/【曲面与曲面倒圆角】命令，将杯口倒圆角，生成结果如图5-60（e）所示。

📖 提示：本例省略了每一个命令的具体操作步骤，如需查看具体步骤，可参照本章前面的内容。另外创建酒杯的方式不必拘泥于本实例的步骤，读者可自行尝试其他的制作方式。

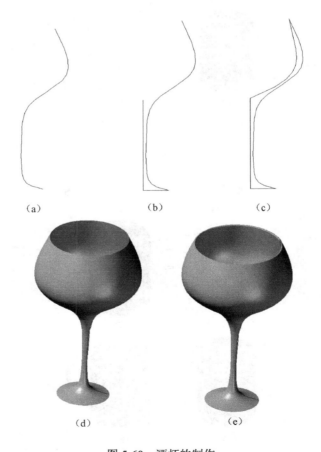

（a）　　　　（b）　　　　（c）

（d）　　　　（e）

图5-60　酒杯的制作

5.5 课后练习

1．思考题

（1）构建高级曲面的命令有哪几种？各有什么特点？

（2）编辑修改曲面的命令有哪几种？如何具体操作？

（3）曲面倒角和倒圆角的方式有几种？需要进行哪些参数设置？

2．上机题

（1）构建如图 5-61 所示的曲面模型，尺寸自定。

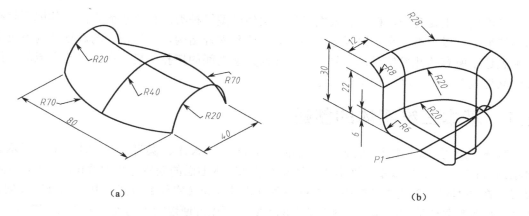

（a）   （b）

图 5-61　构建曲面

（2）使用曲面构建及编辑命令绘制如图 5-62 所示壁灯的曲面模型，尺寸自定。

图 5-62　壁灯

第6章

三维实体建模

三维模型主要有线框模型、表面模型、实体模型等种类。相比较而言，实体模型具有体的特征，可以完整、真实地表达零部件的形状和内外结构，实体模型的数据结构不仅完整地表达了所有的几何信息，而且包含了几何元素之间的拓扑信息，所以目前主流的三维设计软件大都采用三维实体建模的方式。

6.1 基本三维实体的创建

基本三维实体主要包括圆柱、圆锥、立方体、球体、圆环体，如图 6-1 所示。Mastercam X5 中五种基本三维实体的创建方法和基本曲面的创建方法大致相同，不同之处仅仅是在基本实体创建对话框中，要将创建方式设置为【实体】方式。基本三维实体创建方法同样是参数化造型，即通过改变曲面的参数，可以方便地绘出同类的多种三维实体。

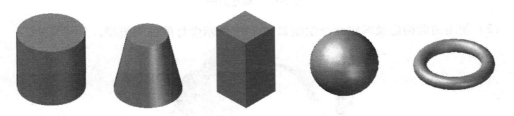

图 6-1　基本三维实体

1. 圆柱体

选择【绘图】/【基本曲面/实体】/【画圆柱体】命令，或者单击【草绘】工具栏中的图标命令 ⬛，系统弹出【圆柱体】对话框，如图 6-2 所示。选择【实体】模式，设置好其他参数，即可绘制圆柱体。

对话框中的各参数含义如下。

- ⬛：指定基准点。
- ⬛：定义圆柱曲面的半径。
- ⬛：定义圆柱曲面的高度。
- ⬛：切换圆柱曲面的生成方向。

- 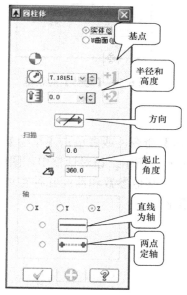：定义圆柱曲面生成的起始角度。
- ：定义圆柱曲面生成的终止角度。
- ：选择一条直线作为圆柱曲面的轴线。
- ：定义两点作为圆柱曲面的轴线。

📖 提示：绘制三维曲面或者实体时，在默认状态下显示的是俯视图，应将视角切换到轴测视图才能观察到三维形状。

2. 圆锥体

选择【绘图】/【基本曲面/实体】/【画圆锥体】命令，或者单击【草绘】工具栏中的图标命令 ，系统弹出【圆锥体】对话框，如图 6-3 所示，参数设置和【圆柱体】对话框类似，不同之处是可以分别指定圆锥体底圆半径和顶圆半径以及圆锥体的锥角。选择【实体】模式，设置好其他参数，即可绘制圆锥体。

图 6-2　【圆柱体】对话框

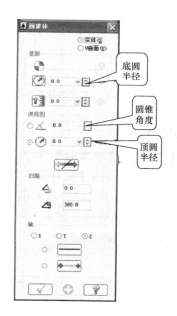

图 6-3　【圆锥体】对话框

3. 立方体

选择【绘图】/【基本曲面/实体】/【画立方体】命令，或者单击【草绘】工具栏中的图标命令 ，系统弹出【立方体】对话框，如图 6-4 所示，设置好立方体的长、宽、高以及基准点等参数，选择【实体】模式，即可绘制立方体。

4. 球体

选择【绘图】/【基本曲面/实体】/【画球体】命令，或者单击【草绘】工具栏中的图标命令 ，系统弹出【球体】对话框，如图 6-5 所示，参数和前面几种曲面的对话框类似，这里不再赘述了。设置好参数，选择【实体】模式，即可绘制球体。

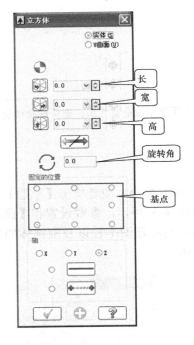

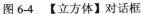

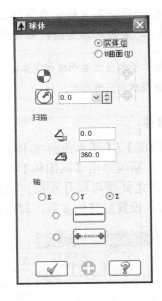

图 6-4　【立方体】对话框　　　　　　　　图 6-5　【球体】对话框

5. 圆环体

选择【绘图】/【基本曲面/实体】/【画圆环体】命令，或者单击【草绘】工具栏中的图标命令 ◎，系统弹出【圆环体】对话框，如图 6-6 所示。该对话框中，图标 🔧 表示圆环体的中心圆半径，图标 🔧 表示截面小圆的半径，其他参数和前面几种实体类似，设置好后，即可绘制出圆环体。图 6-7 所示是圆环体图例。

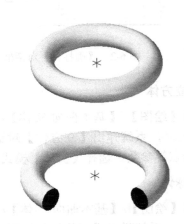

图 6-6　【圆环体】对话框　　　　　　　图 6-7　圆环体示例

6.2　常见三维实体的创建方法

　　Mastercam X5 中，除了基本实体以外，其他就是通过二维平面图形来创建三维实体了，主要方法有挤出、旋转、扫描和举升等，其菜单如图 6-8 所示。下面就简单介绍一下这几种方法。

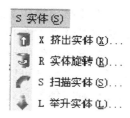

6.2.1　挤出实体

　　挤出实体能串连一个或者多个共面的曲线，并按照指定的方向和尺寸创建一个或多个新的挤出实体。当创建了挤出实体后，可在其上进行切割实体、增加凸缘、合并等操作；该命令还可以生成拔模斜度、薄壁等结构。

图 6-8　【实体】菜单

　　以图 6-9 为例，选择【实体】/【挤出实体】命令，或者单击【实体】工具栏中的【挤出实体】按钮🔼，系统弹出【串连选项】对话框，保持对话框中选项默认，选择串连图线，如图 6-9（b）所示，单击【串连选项】中的【确定】按钮　✓　，系统会弹出【实体挤出的设置】对话框，如图 6-10 所示，设置好挤出方向，如图 6-9（c）所示，单击【确定】按钮　✓　，结果如图 6-9（d）所示。

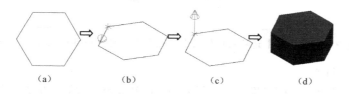

（a）　　　　　　　（b）　　　　　　　（c）　　　　　　　（d）

图 6-9　挤出实体

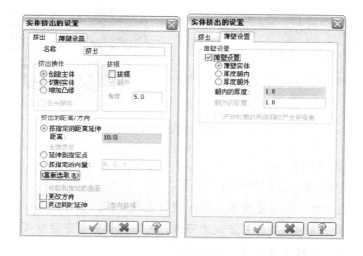

图 6-10　【实体挤出的设置】对话框

　　在【实体挤出的设置】对话框中进行不同的设置，会产生不同的结果，下面简单介绍一下。

1. 创建挤出实体

在该对话框中的【挤出】选项卡中，可以设置挤出方向和挤出方式等参数。

（1）定义挤出方式

在【挤出操作】选项组中，默认方式是【创建主体】，利用此方式，然后在【挤出的距离/方向】选项组中设置延伸距离或者方式，即可获得挤出实体。

在该选项组中也可以设置【切割实体】方式或【增加凸缘】方式，不过这要在已经建立了实体之后才可以选择。如图 6-11 所示，在六棱柱上表面做一个正六边形二维线，利用【切割实体】方式，可以生成一个被切割的实体。

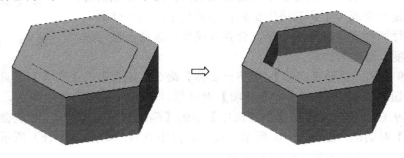

图 6-11　切割实体

📖　提示：选中【挤出操作】选项组中的【合并操作】，可以使各挤压操作合并为一个操作。

（2）设置拔模斜度

在【拔模】选项组中，可以设置拔模斜度的方向和角度，设置后的效果如图 6-12 所示。

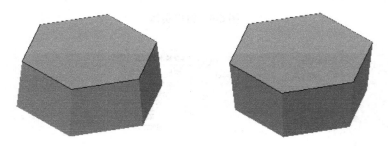

图 6-12　设置拔模斜度的挤出操作

（3）定义挤出的距离/方向

该选项组中选项较多，下面简单介绍一下。

- 按指定的距离延伸：可以直接输入挤压距离生成实体。
- 全部贯穿：只在【切割实体】方式才可选，可以使切割贯穿目标实体。
- 延伸到指定点：沿挤压方向挤压到指定点。
- 按指定的向量：通过指定 X、Y、Z 来指定挤压的方向和距离。
- 重新选取：重新设置挤压方向。

- 修剪到指定曲面：将挤压实体修剪到目标实体的一个曲面。
- 更改方向：使挤压方向和设置相反。
- 两边同时延伸：使挤压向两个方向生成实体。
- 双向拔模：用于带拔模斜度的双向挤压时设置斜度的方向。

2．创建挤出薄壁

在【薄壁设置】选项卡中，可以设置薄壁的相关参数，如图 6-10 所示。薄壁挤出时可以设置向外或者向内产生薄壁，挤出薄壁的效果如图 6-13 所示，分别为不同厚度的薄壁实体。

图 6-13　创建挤出薄壁

6.2.2　旋转实体

旋转实体命令可以将外形截面绕指定旋转轴进行完全或部分旋转扫描生成实体，也可以对已有实体进行旋转切割，还可以旋转生成薄壁壳体，如图 6-14 所示。

以图 6-14 为例，选择【实体】/【实体旋转】命令，或者单击【实体】工具栏中的【实体旋转】按钮 🗂️，系统弹出【串连选项】对话框，保持对话框中选项默认，选择串连图线，然后选择旋转轴，此时系统会弹出【方向】对话框，如图 6-15 所示，单击【确定】按钮 ✓，系统会弹出【旋转实体的设置】对话框，如图 6-16 所示，此对话框和【实体挤出的设置】对话框类似，这里不再赘述，生成的效果如图 6-14 所示。

图 6-14　旋转实体

图 6-15　【方向】对话框

图 6-16　【旋转实体设置】对话框

6.2.3　扫描实体

扫描实体命令可以将一条封闭的串连图线沿着给定的扫描路径延伸而生成三维实体，如图 6-17 所示。

以图 6-17 为例，选择【实体】/【扫描实体】命令，或者单击【实体】工具栏中的【扫描实体】按钮 ，系统弹出【串连选项】对话框，保持对话框中选项默认，选择截面图线，单击【确定】按钮 ，接着选择扫描路径，系统会弹出【扫描实体的设置】对话框，如图 6-18 所示，此对话框和【实体挤出的设置】对话框类似，这里不再赘述，生成的效果如图 6-17 所示。

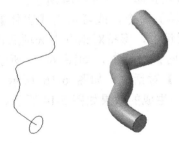

图 6-17　扫描实体

图 6-18　【扫描实体设置】对话框

> 📖　提示：封闭截面图形可以是多个，但是都要在同一平面内；扫描路径线不能导致截面图形在扫描过程中产生自交，否则就会出现错误。

6.2.4　举升实体

举升实体命令可以将两个或者两个以上的封闭截面图形按指定方式组合成一个三维实体，如图 6-19 所示。

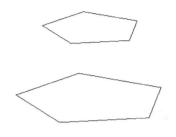

图 6-19　举升实体

以图 6-19 为例，选择【实体】/【举升实体】命令，或者单击【实体】工具栏中的【举升实体】按钮 ，系统弹出【串连选项】对话框，保持对话框中选项默认，依次选择截面图线，单击【确定】按钮 ，系统会弹出【举升实体的设置】对话框，如图 6-20 所示，此对话框和【实体挤出的设置】对话框类似，对话框中有一个【以直纹方式产生实体】选项，选中该项时实体将以直纹方式生成，不选该项时，则以光滑方式生成。

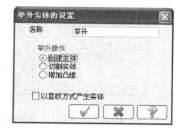

图 6-20　【举升实体的设置】对话框

> 📖 提示：使用该命令时，选择截面图形的选择点和方向非常重要，如果不想生成的实体扭曲，则选择点的位置和方向都必须一致，否则会出现错误。

6.3　创建实体基本实例

6.3.1　创建圆烟灰缸

【例 6-1】　运用挤出实体命令，来创建一个带斜度的圆烟灰缸实体造型。

[1] 首先绘制烟灰缸的截面图形，单击【顶视图】按钮 ，切换到顶视图方向，选择【绘图】/【圆弧】/【圆心+点】命令，按半径为 100 绘制如图 6-24（a）所示圆。

[2] 单击【轴测图】按钮 ，切换到轴测图方向，选择【实体】/【挤出实体】命令，在弹出【串连选项】对话框时，保持参数不变，选择绘制好的圆，单击【确定】按钮 ，系统会弹出【实体挤出的设置】对话框，设置挤出方向向上，在【挤出操作】选项组中设置【创建主体】方式，【拔模】选项组中设置角度为 5，在【挤出的距离/方向】选项组中设置距离为 50，如图 6-21 所示，单击【确定】按钮 ，结果如图 6-24（b）所示。

[3] 单击工具栏中的【按实体面定面】命令，如图 6-22 所示，该命令的作用是选择实体的表面来确定绘图平面。此时单击前面生成实体的顶面，如图 6-24（c）所示，选择【绘图】/【圆弧】/【圆心+点】命令，按半径为 85 绘制如图 6-24（d）所示的圆。

图 6-21　创建主体参数设置

图 6-22　按实体面定面

[4] 重复上一步的【挤出实体】命令，选择 R85 的圆，在弹出的【挤出实体的设置】对话框中，如图 6-23 所示设置【切割实体】方式，不设置拔模斜度，挤出方向向下，距离为 30，生成的图形如图 6-24（e）所示。

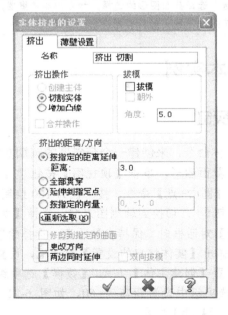

图 6-23　切割实体参数设置

[5] 单击图 6-22 中的【右视图】命令，捕捉顶面上圆心绘制一个直径为 ∅10 的小圆，重复上一步的【挤出实体】命令，选择 ∅10 的圆，在弹出的【挤出实体的设置】对话

框中，设置【切割实体】方式，选中【全部贯穿】、【两边同时延伸】，单击【确

定】按钮 ✓ ，结果如图 6-24（f）所示。

[6] 单击图 6-22 中的【前视图】命令，捕捉顶面上圆心绘制一个直径为∅1 的小圆，重
复上一步的【挤出实体】命令，选择∅10 的圆，在弹出的【挤出实体的设置】对话
框中，设置【切割实体】方式，选中【全部贯穿】、【两边同时延伸】，单击【确
定】按钮 ✓ ，结果如图 6-24（g）所示。

[7] 选择【屏幕】/【隐藏图素】命令，隐藏多余的图线，最终结果如图 6-24（h）所示。

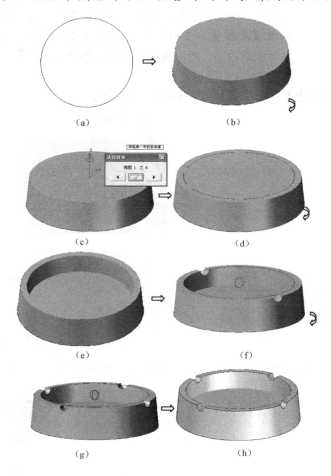

（a）　　　　　　　　　　　（b）

（c）　　　　　　　　　　　（d）

（e）　　　　　　　　　　　（f）

（g）　　　　　　　　　　　（h）

图 6-24　绘制烟灰缸

6.3.2　创建花瓶

【例 6-2】　利用实体旋转命令，创建如图 6-25 所示的花瓶，尺寸自定。

[1] 切换到【前视图】方向，利用【手动画曲线】命令，绘制如图 6-28（a）所示曲线。

[2] 重复【手动画曲线】命令，绘制另一条曲线，注意曲线的终点应比第一条稍长，如
图 6-28（b）所示。

图 6-25　花瓶

[3] 以第一条曲线的终点为起始点，绘制一条竖直的直线，如图 6-28（c）所示。

[4] 选择【编辑】/【修剪/打断】/【修剪/打断/延伸】命令，将绘制的平面图形进行修剪，结果如图 6-28（d）所示。

[5] 选择【实体】/【实体旋转】命令，系统弹出【串连选项】对话框，保持默认参数，选择封闭的串连图形，单击【确定】按钮 ，此时系统会弹出【方向】对话框，如图 6-26 所示。选择竖直的小短线作为旋转轴线，单击【确定】按钮 ✓，系统会弹出【旋转实体】对话框，如图 6-27 所示，设置【创建主体】，起始角度为 0，终止角度为 360，单击【确定】按钮 ✓，结果如图 6-28（e）所示。

[6] 切换到【轴测图】方向，最终效果如图 6-25 所示。

图 6-26　【方向】对话框　　　　图 6-27　【旋转实体的设置】对话框

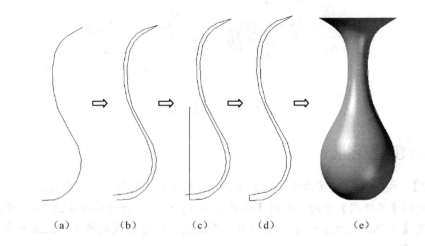

(a)　　　(b)　　　(c)　　　(d)　　　　(e)

图 6-28　创建花瓶

6.3.3 创建方向盘

【例 6-3】 利用扫描实体命令，创建如图 6-29 所示的方向盘。

[1] 切换到【顶视图】方向，选择【绘图】/【圆弧】/【圆心+点】命令，按如图 6-32（a）所示的尺寸绘制三个圆，φ10、φ20 的圆心为（0,0,0），φ80 的圆心为（0,0,5）。

[2] 切换到【轴测图】方向，选择【实体】/【挤出实体】命令，系统弹出【串连选项】对话框，选择φ10、φ20 的圆（注意选择点的位置要一致），单击【串连选项】对话框中的【确定】按钮 ，此时系统弹出【实体挤出的设置】对话框，将挤出方向设置为向下，距离设置为 10，选择【创建实体】方式，单击【确定】按钮 ✓，结果如图 6-32（b）所示。

图 6-29　方向盘

[3] 切换到【前视图】方向，选择【绘图】/【曲线】/【手动画曲线】命令，绘制一条曲线（曲线的 1 点可以用捕捉方式得到，为保证 2 点的 Z 坐标值和 1 点的 Z 坐标值相同，可以复制 1 点的 Z 坐标值并锁定），结果如图 6-32（c）所示，切换到【轴测图】方向，如图 6-32（d）所示。

[4] 切换到【左视图】方向，绘制一个φ4 的小圆，并调整到合适的位置，切换到【轴测图】方向，结果如图 6-32（e）所示。

[5] 选中刚绘制的小圆和曲线，切换到【顶视图】方向，选择【转换】/【旋转】命令，系统会弹出【旋转】对话框，设置【复制】方式、次数为 3、整体旋转角度为 360，如图 6-30 所示，然后选择旋转中心，单击【确定】按钮 ✓，重新切换到【轴测图】方向，结果如图 6-32（f）所示。

[6] 选择【实体】/【扫描实体】命令，系统弹出【串连选项】对话框，选择一个小圆作为截面图形，单击【串连选项】对话框中的【确定】按钮 ✓，选择曲线作为扫描路径，单击【串连选项】对话框中的【确定】按钮 ✓，系统弹出【扫描实体的设置】对话框，选择【创建主体】，如图 6-31 所示，单击【确定】按钮 ✓。重复上述操作，完成其余两个实体的扫描操作，结果如图 6-32（g）所示。

📖 提示：如果【扫描实体】命令执行后出现报错，可以将小圆稍微向内移动一下（因为扫描实体命令要求截面图形所在面必须和路径图形相交）。

[7] 切换到【前视图】方向，绘制一个φ8 的小圆，位置如图 6-32（h）所示。切换回【轴测图】方向，如图 6-32（i）所示。

[8] 选择【实体】/【扫描实体】命令，以φ8 的小圆为截面图形，φ80 的圆为路径图形进行扫描操作生成实体，最终结果如图 6-32（j）所示。

📖 提示：本实例省略了一些命令的具体操作方法，读者可以查阅前面的章节去学习具体步骤。

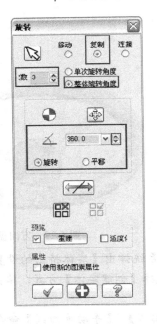

图 6-30　【旋转】对话框　　　　图 6-31　【扫描实体的设置】对话框

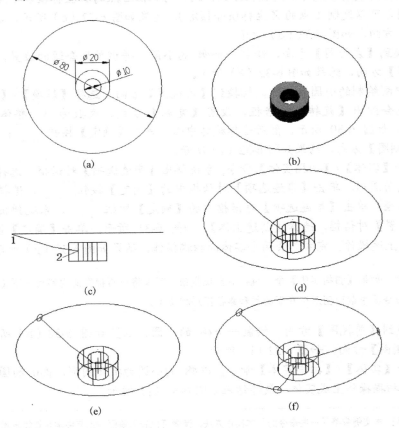

图 6-32　方向盘绘制过程

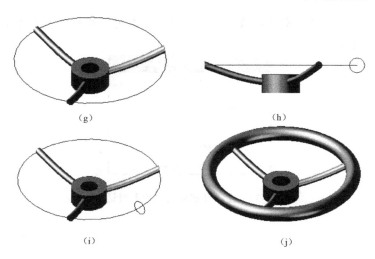

（g）　　　　　　　　　　　（h）

（i）　　　　　　　　　　　（j）

图 6-32　方向盘绘制过程（续）

6.3.4　创建图章

【例 6-4】　利用举升实体命令创建如图 6-33 所示的图章造型。

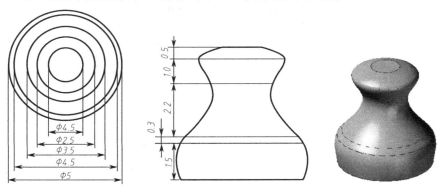

图 6-33　图章

[1] 切换到【顶视图】方向，选择【绘图】/【圆弧】/【圆心+点】命令依次绘制 6 个圆，由图 6-33 中的尺寸可以算出各圆直径及坐标依次为：ϕ5（0,0,0）、ϕ5（0,0,1.5）、ϕ4.5（0,0,1.8）、ϕ2.5（0,0,4）、ϕ3.5（0,0,5）、ϕ1.5（0,0,5.5），如图 6-35（a）所示。

[2] 切换到【轴测图】方向，如图 6-35（b）所示。

[3] 选择【实体】/【举升实体】命令，系统弹出【串连选项】对话框，此时依次选择 6 个圆，注意选择点的位置要一致，以使各截面图形的串连方向相同，不然会产生扭曲，如图 6-35（c）所示。

[4] 选择完成后单击【串连选项】对话框中的【确定】按钮，系统会弹出【举升实体的设置】对话框，如图 6-34 所示，单击【确定】按钮　　即可。图 6-35（d）

和图 6-35（e）的区别是在【举升实体的设置】对话框中是否选择了【以直纹方式产生实体】的选项。

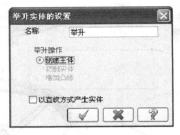

图 6-34　【举升实体的设置】对话框

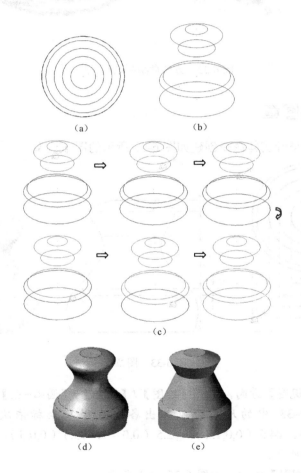

图 6-35　图章创建过程

6.4　综合实例——水杯

本节我们学习综合运用实体创建命令创建实体的方法。

【例 6-5】　综合运用创建实体命令绘制如图 6-36 所示水杯（本例尺寸不做具体规定）。

[1] 切换到【顶视图】方向，绘制如图 6-38（a）所示的两个封闭图形，注意外面的封闭图形应比里面的圆稍高，切换到【轴测图】方向，如图 6-38（b）所示。选择【转换】/【串连补正】命令，分别绘制两封闭图形的补正曲线，如图 6-38（c）所示。

[2] 选择【实体】/【举升实体】命令，分别选择外面的两个封闭图形，生成实体如图 6-38（d）所示。

[3] 选择【实体】/【举升实体】命令，分别选择外面的两个封闭图形，在弹出的【举升实体的设置】对话框中选择【切割实体】方式，如图 6-37 所示，生成实体如图 6-38（e）所示。

图 6-36 水杯

图 6-37 【举升实体的设置】对话框

[4] 切换到【前视图】方向，绘制平面图形，如图 6-38（f）所示。

[5] 选择【屏幕】/【隐藏图素】命令，将前面生成的举升实体隐藏；然后结合【单体补正】命令、【圆弧】命令和【修剪】命令，绘制出如图 6-38（g）所示的封闭串连图形和轴线。

[6] 选择【实体】/【实体旋转】命令，依次选择封闭的串连图素和轴线，生成如图 6-38（h）所示的图形。

[7] 选择【屏幕】/【恢复隐藏的图素】命令，将前面隐藏的举升实体恢复显示，结果如图 6-38（i）所示。切换到【前视图】方向，利用【手动画曲线】命令绘制一条曲线，如图 6-38（j）所示。

[8] 隐藏前面生成的所有实体和其他图线，切换到【左视图】方向，在曲线顶端绘制一个小圆，重新切换到【轴测图】方向，如图 6-38（k）所示。

[9] 选择【实体】/【扫描实体】命令，以小圆为截面图形，曲线为路径图形，生成一个扫描实体，如图 6-38（l）所示。将前面隐藏的实体恢复显示，最终结果如图 6-38（m）所示。

　　提示：本实例省略了每一个命令的具体操作步骤，读者可根据需要查询前面章节的内容，这里不再赘述。

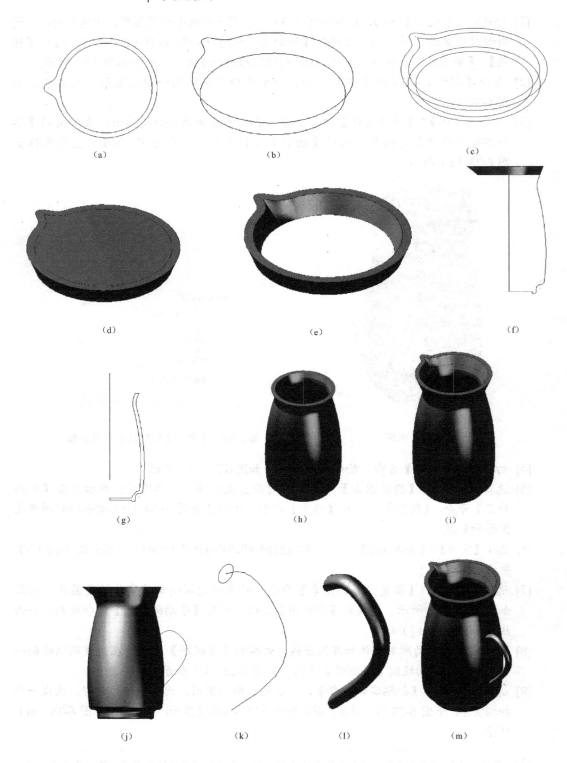

(a)　　　　　　　　　　(b)　　　　　　　　　　(c)

(d)　　　　　　　　　　(e)　　　　　　　　　　(f)

(g)　　　　　　　　　　(h)　　　　　　　　　　(i)

(j)　　　　　(k)　　　　(l)　　　　(m)

图 6-38　水杯创建过程

6.5 课后练习

1. 思考题

（1）常见三维实体的创建方法有哪些？

（2）基本三维实体和基本三维曲面有什么异同点？

（3）简述举升实体的具体实现步骤。

2. 上机题

要求使用实体创建命令绘制出如图 6-39 所示的杯子模型和如图 6-40 所示的箱体模型，尺寸自定。

图 6-39　水杯

图 6-40　箱体

第 7 章

三维实体编辑

对于一个真实零部件的实体造型，单纯的实体创建命令有时候很难表达较为复杂的结构，经常需要对实体再进行编辑和修改，比如倒角、抽壳、修剪、加厚以及集合运算等操作。

本章主要学习常用实体编辑命令、常用实体集合运算命令以及实体管理器的使用方法。

7.1 实体编辑命令

图 7-1　三维实体编辑菜单

Mastercam X5 中的实体编辑命令非常丰富，我们主要介绍倒角、倒圆角、实体抽壳、实体修剪、布尔运算等使用频率比较高的命令。三维实体编辑菜单如图 7-1 所示。

7.1.1 倒圆角

1．实体倒圆角

实体倒圆角命令是在一个实体上按指定的半径给选中的图素构建一个圆弧面。该圆弧面和相邻的两个面相切，边角上在倒外圆角时会去除材料，在倒内圆角时会增加材料。实体倒圆角命令可以使零件边角光滑过渡，这种结构在真实零部件中是十分常见的。

根据倒圆角的大小确定圆角的半径，在任何边上可使用常数半径或可变半径进行倒圆角，可以通过拾取实体边线、实体面、实体主体等方式倒圆角。如图 7-2 所示分别为采用常数倒内外圆角和可变半径倒圆角的实例。

图 7-2　倒圆角

选择【实体】/【倒圆角】/【实体倒圆角】命令，系统弹出【标准选择】工具栏，如

图 7-3 所示。此时可以在工具栏上单击相应的选择方式来选择需倒圆角的图素，选择完成后，单击【结束选择】按钮，系统会弹出【实体倒圆角参数】对话框，如图 7-4 所示。

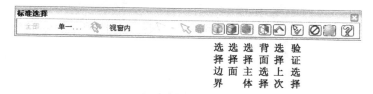

图 7-3　【标准选择】对话框中

　　如果倒圆角是固定半径，可在【实体倒圆角参数】对话框中选中【固定半径】选项，然后给定半径值，设置相应选项后，单击【确定】按钮　　　即可。

　　如果倒圆角是可变半径，可在【实体倒圆角参数】对话框中选中【变化半径】选项，此时右边【编辑】选项组被激活，单击【编辑】会出现菜单，如图 7-5 所示。例如执行【中点插入】命令，然后在绘图区选取中点插入的轮廓线，输入需变化的半径值，即可获得可变半径倒圆角的效果。

图 7-4　固定半径【实体倒圆角参数】对话框　　　图 7-5　变化半径【实体倒圆角参数】对话框

　　下面介绍一下【变化半径】状态下，【编辑】快捷菜单的项目。

- 动态插入：在已选取的倒角边线上，通过移动光标来改变插入位置。
- 中点插入：在已选取边的中点插入新半径关键点。
- 修改位置：在不改变端点和交点的情况下，改变已选取边上新半径的位置。
- 修改半径：修改指定点处的半径值。
- 移动：移动两端点间的半径点。
- 循环：循环显示并编辑各半径关键点。

　　📖　提示：执行【实体倒圆角】命令时，只有以选择边的方式选择图素时才可以进行【变化半径】倒圆角；以选择面或者形体的方式时，只能进行【固定半径】倒圆角。

2．面与面倒圆角

　　面与面倒圆角命令是在同一实体的两组面之间形成圆滑过渡，该命令和实体倒圆角命令的选择边的方式生成的圆角是类似的。

　　选择【实体】/【倒圆角】/【面与面倒圆角】命令，依次选择需倒圆角的两面，系统弹出【实体的面与面倒圆角参数】对话框，如图 7-6 所示。对话框内选项和【实体倒圆角参数】对话框类似，所不同的是倒圆角方式有三种：半径方式、宽度方式和控制线方式。

图 7-6　【实体的面与面倒圆角参数】对话框

> 📖　提示：【实体倒圆角】命令和【面与面倒圆角】命令都是只能在一个实体内进行操作；如果不同实体之间倒圆角，需先利用【布尔运算-结合】命令将两实体结合后再操作。

7.1.2　倒角

倒角命令和倒圆角命令类似，不同之处是产生的过渡是尖角。Mastercam X5 提供了三种倒角方法，如图 7-7 所示。

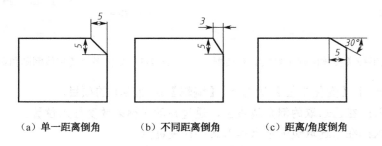

（a）单一距离倒角　　　（b）不同距离倒角　　　（c）距离/角度倒角

图 7-7　倒角方式示意

1．单一距离倒角

单一距离倒角命令就是以单一距离的方式创建实体倒角，使用该方式时选择对象允许是边界线、面和实体。

选择【实体】/【倒角】/【单一距离倒角】命令，选择需倒角的图素，选择完成后，单击【结束选择】按钮，系统会弹出【实体倒角参数】对话框，如图 7-8（a）所示，设置倒角距离和其他选项，单击【确定】按钮即可。

2．不同距离倒角

不同距离倒角命令就是以输入两个距离的方式创建实体倒角，使用该方式时选择对象允许是边界线和面。

选择【实体】/【倒角】/【不同距离倒角】命令，选择需倒角的图素，选择完成后，单击【结束选择】按钮，系统会弹出【实体倒角参数】对话框，如图 7-8（b）所示，设置好倒角距离 1、距离 2 和其他选项，单击【确定】按钮 ✓ 即可。

3．距离/角度倒角

距离/角度倒角命令就是以输入一个距离和一个角度的方式创建实体倒角，使用该方式时选择对象允许是边界线和面。

选择【实体】/【倒角】/【距离/角度倒角】命令，选择需倒角的图素，选择完成后，单击【结束选择】按钮，系统会弹出【实体倒角参数】对话框，如图 7-8（c）所示，设置好倒角距离、角度和其他选项，单击【确定】按钮 ✓ 即可。

📖 提示：使用【距离/角度倒角】命令的时候，需要选取参考平面（一般是和倒角垂直的面），否则无法生成倒角。

（a）单一距离角度　　　　（b）不同距离　　　　（c）距离/角度

图 7-8　三种方式的【实体倒角参数】对话框

7.1.3　实体抽壳

实体抽壳命令可以挖空实体，如果选择了实体上的表面作为开口，则可以生成一个在指定面上开口的薄壳实体；如果没有选择开放面，则会生成一个内部被挖空但是没有开口的薄壳实体，如图 7-9 所示。

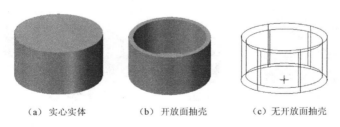

（a）实心实体　　　　（b）开放面抽壳　　　　（c）无开放面抽壳

图 7-9　实体抽壳示例

选择【实体】/【实体抽壳】命令，在实体表面选择开放面，选择完成后，单击【结束选择】按钮，系统会弹出【实体抽壳】对话框，如图 7-10 所示。可以在对话框中设置【朝内】、【朝外】、【两者】方式以确定抽壳的方向，然后设置抽壳的厚度，单击【确定】按钮 ✓ 即可。

7.1.4　实体修剪

图 7-10　【实体抽壳】对话框

实体修剪命令就是用平面、曲面或薄壁实体来切割实体，可以保留切割实体的一部分或者两部分都保留。

选择【实体】/【实体修剪】命令，选择需修剪的实体，选择完成后，单击【结束选择】按钮，系统会弹出【修剪实体】对话框，如图 7-11 所示。

（1）如果选择修剪到【平面】，系统会弹出【平面选择】对话框，如图 7-12 所示，设置对话框内的参数选择修剪平面，选择完成后，单击【确定】按钮，接着单击【修剪实体】对话框的【确定】按钮即可。如图 7-13 所示为用选择图素方式选择平面来修剪实体的示例。

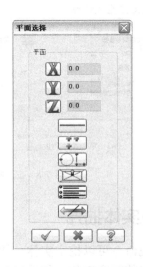

图 7-11　【修剪实体】对话框　　　　图 7-12　【平面选择】对话框

图 7-13　平面【修剪实体】示例

（2）如果选择修剪到【曲面】，则不会弹出别的对话框，选择后单击【确定】按钮即可，如图 7-14 所示是用曲面修剪实体的示例。

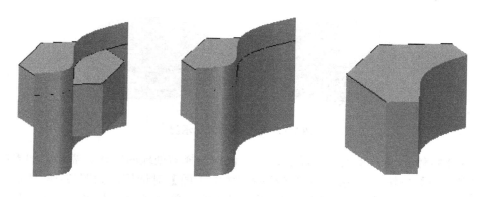

图 7-14   曲面【修剪实体】示例

（3）选择修剪到【薄片实体】的状况和修剪到【曲面】类似，不同之处就是需要选择一个实体而不是曲面或平面来修剪，这里不再赘述。

7.1.5   薄片实体加厚

薄片实体加厚命令是使由曲面生成的没有厚度的实体加厚以变成有厚度的真正实体，如图 7-15 所示。

选择【实体】/【薄片实体加厚】命令，选择需加厚的薄片实体，单击【结束选择】按钮，系统会弹出【增加薄片实体的厚度】对话框，如图 7-16 所示，设定好需增加的厚度以及加厚方向，单击【确定】按钮 ✔ 即可。

📖   提示：【薄片加厚实体】命令只能用于由面生成的没有厚度的实体，不能作用于曲面或者实体。

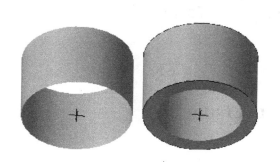

图 7-15   薄片加厚实体示例

图 7-16   【增加薄片实体的厚度】对话框

7.1.6   移动实体表面

移动实体表面命令是将实体的某一表面移除，以形成一个开口的薄壁实体，如图 7-17 所示。该命令一般用于删除有问题的面或者需要修改的面。

图 7-17 移动实体表面示例

选择【实体】/【移动实体表面】命令，依次选择需处理的实体、需移除的表面，单击【结束选择】按钮，系统弹出【移除实体的表面】对话框，如图 7-18 所示，单击【确定】按钮 ，会弹出如图 7-19 所示对话框，单击【确定】按钮，又会弹出【颜色】对话框，用于设置边界曲线的颜色，如图 7-20 所示，单击【确定】按钮 即可。

图 7-18   【移除实体表面】对话框   图 7-19   绘制边界选择

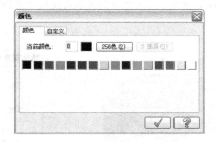

图 7-20   【颜色】对话框

7.1.7 牵引实体

牵引实体命令和拔模操作类似，即定义一个角度和方向以创建一个斜度或锥度面。该命令可拔模任何实体面，不管实体是 Mastercam 建立的还是别的软件创建后导入的。当牵引一个实体面时，邻接曲面被延伸或者修剪成一个新的曲面。如图 7-21 所示是一个圆柱体的牵引示例。

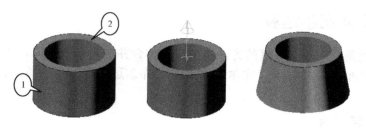

图 7-21　牵引实体示例

选择【实体】/【牵引实体】命令，然后在绘图区选取需要牵引的实体表面，例如 1 号面，单击【结束选择】按钮，系统会弹出【实体牵引面的参数】对话框，如图 7-22 所示。此时有四种牵引实体的方法：【牵引到实体面】、【牵引到指定平面】、【牵引到指定边界】、【牵引挤出】，此时保持默认选项，单击【确定】按钮，再选择 2 号面，会弹出【拔模方向】对话框，如图 7-23 所示，单击【确定】按钮　即可完成操作。其他选项读者可自行练习。

📖 提示：【牵引挤出】选项只有在选择的牵引面为挤出实体的侧面时才能被激活。

图 7-22　【实体牵引面的参数】对话框　　图 7-23　【拔模方向】对话框

7.1.8　由曲面生成实体

由曲面生成实体命令是将一个或多个曲面转换为实体。该命令有两种生成形式：如选取曲面为封闭曲面，则转换生成的是封闭实体；如选取曲面为开放式曲面，则生成的是薄片实体。

选择【实体】/【由曲面生成实体】命令，系统会弹出【曲面转为实体】对话框，如图 7-24 所示。如果在对话框中选择【使用所有可以看见的曲面】选项，则将绘图区所有曲面转为实体，否则只将所选曲面转为实体。其他选项以及后面的操作和【移除实体表面】命令类似，这里不再赘述。

图 7-24　【曲面转为实体】对话框

7.1.9 实体布尔运算

布尔运算就是利用集合运算的方法将多个实体合并成为一个实体。Mastercam X5 中的布尔运算包括布尔运算-结合、布尔运算-切割、布尔运算-交集以及非关联实体的布尔运算等方式。

1．布尔运算-结合

布尔运算-结合命令是指将已存在的实体（两个或两个以上且部分重合）合并成为一个实体的操作方法。

选择【实体】/【布尔运算-结合】命令，然后在绘图区选取一个实体作为目标实体，接着依次选取一个或多个实体作为工件实体，回车确认即可完成操作。

2．布尔运算-切割

布尔运算-切割命令是对实体进行修剪，就是在一个实体内减去另外一个或多个实体从而生成一个新实体的方法。新实体的大小和形状取决于两个实体间公共的部分。

选择【实体】/【布尔运算-切割】命令，然后在绘图区选取一个实体作为目标实体，接着依次选取一个或多个实体作为工件实体，回车确认即可完成操作。该命令示例如图 7-25 所示。

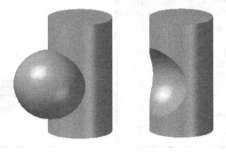

图 7-25　布尔运算-切割示例

3．布尔运算-交集

布尔运算-交集命令是获得两个实体的公共部分。

选择【实体】/【布尔运算-交集】命令，然后在绘图区选取一个实体作为目标实体，接着一次选取一个或多个实体作为工件实体，回车确认即可完成操作。该命令示例如图 7-26 所示。

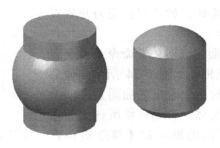

图 7-26　布尔运算-交集示例

4．非关联实体布尔运算

非关联实体布尔运算命令和前面布尔运算命令的主要区别是目标实体和工件实体可以选择是否保留。

非关联实体布尔运算命令包括【切割】和【交集】两种操作，其菜单如图 7-27 所示，其对话框如图 7-28 所示，操作步骤和前面类似，这里不再赘述。

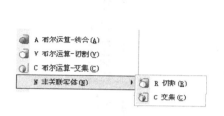

图 7-27　【非关联实体】菜单　　　　图 7-28　【实体非关联的布尔运算】对话框

7.1.10　实体操作管理器

在 Mastercam 绘图区左侧有一个【操作管理】窗口，包括刀具路径管理器和实体操作管理器。实体操作管理器将实体模型的创建过程按顺序记录下来，在这里可以对实体的相关参数进行修改，并对实体创建的顺序进行重新排列。实体操作管理器如图 7-29 所示。

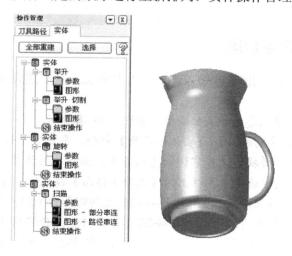

图 7-29　实体操作管理器

单击每一个实体的【参数】选项卡，会弹出相应实体的设置对话框，如图 7-30 所示，可以在里面重新修改实体生成时的相关参数，设置完成后，单击实体操作管理器上的【全部重建】按钮，即可使实体按照新的参数重新生成。

此外可以在实体操作管理器的某一实体选项卡上单击鼠标右键，会弹出快捷菜单，如图 7-31 所示，可以利用该菜单方便地进行【删除】、【重命名】、【复制实体】等操作。但是要记得操作完成后需要单击实体操作管理器上的【全部重建】按钮。

默认情况下【操作管理】窗口是打开的，可以根据需要随时关闭或重新打开，方法是选择【视图】/【切换操作管理】命令，或者按下快捷键 Alt+O。

图 7-30　实体操作管理器参数修改菜单　　　　图 7-31　实体操作管理器右键菜单

7.2　实体编辑实例

本节我们以实例的方式来进一步学习上一节所讲的三维实体编辑中常见的各种命令的具体用法。

7.2.1　烟灰缸倒圆角

【例 7-1】　运用实体倒圆角命令以 0.5 为半径将上一章创建的烟灰缸实体造型所有交线进行圆角处理。

[1] 首先打开上一章创建的烟灰缸造型，如图 7-33（a）所示。

[2] 选择【实体】/【倒圆角】/【实体倒圆角】命令，系统弹出如图 7-32 所示的【标准选择】工具栏，并提示选择需倒圆角的图素。如果此时只是对烟灰缸的顶面进行倒圆角处理，则需要选中工具栏上的【选择实体面】按钮 🔲（其他选择按钮最好处于非选状态），然后在烟灰缸上依次选择顶面上的四部分平面，如图 7-33（b）所示。

[3] 选择完成后，单击【结束选择】按钮 🔲，此时系统会弹出【实体倒圆角参数】对话框，在对话框里设置合适的圆角半径及其他参数，单击【确定】按钮 ✔ 即可，结果如图 7-33（c）所示。

[4] 如果需要对烟灰缸所有表面倒圆角，则需在【标准选择】工具栏内选中【选择主体】按钮 🔲（其他选择按钮最好处于非选状态），然后选择烟灰缸主体，如图 7-33（d）所示。单击【结束选择】按钮 🔲，此时系统仍旧会弹出【实体倒圆角参数】对话框，在对话框里设置合适的圆角半径及其他参数，单击【确定】按钮 ✔ 即可，结果如图7-33（e）所示。

图 7-32 【标准选择】工具栏

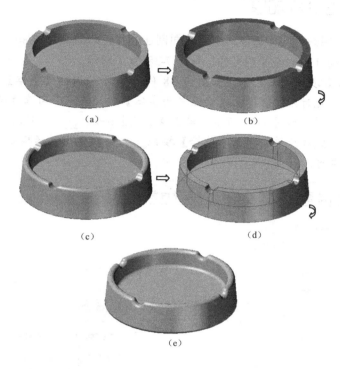

图 7-33 烟灰缸倒圆角

7.2.2 烟灰缸抽壳造型

【例 7-2】 利用实体抽壳命令将前面的烟灰缸造型变为薄壳实体。

[1] 打开前面的烟灰缸实体造型文件，如图 7-34（a）所示。

[2] 调整视角到烟灰缸底面可见，如图 7-34（b）所示。选择【实体】/【实体抽壳】命令，系统提示：【请选择要保留开启的主体或面】，此时选择烟灰缸的底面，选择完成后单击【结束选择】按钮，此时系统会弹出【实体抽壳】对话框，设置好薄壳生成的方向以及厚度，单击【确定】按钮，结果如图 7-34（c）所示。

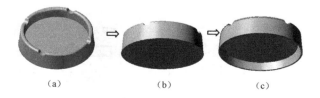

图 7-34 烟灰缸抽壳

　　📖　提示：【实体抽壳】命令中，厚度的大小一定要合适，即要避免使得实体抽壳计算产生自交的错误。

7.2.3　叶轮叶片加厚

【例7-3】　利用薄片实体加厚命令将前面创建的叶轮曲面的叶片加厚，尺寸自定。

[1] 打开前面的叶轮曲面造型文件，如图7-38（a）所示。

[2] 将叶轮曲面顶端放大显示，如图 7-38（b）所示。选择【实体】/【由曲面生成实体】命令，此时系统会弹出【曲面转为实体】对话框，不勾选【使用所有可以看见的曲面】选项，如图 7-35 所示，单击【确定】按钮 ✓ ，然后依次选取 5 个叶片曲面，选择完成后单击【结束选择】按钮■，系统弹出对话框如图 7-36 所示，选择【否】即可。

　　📖　提示：此时造型没有改变，但是叶片已经由曲面转换为薄片实体了。

图 7-35　【曲面转为实体】对话框　　图 7-36　【绘制边界曲线】对话框

[3] 选择【实体】/【薄片实体加厚】命令，选择其中一个叶片，系统会依次弹出【增加薄片实体的厚度】对话框和【厚度方向】对话框，如图 7-37 所示。设置好厚度和方向，单击【确定】按钮 ✓ 即可。

[4] 重复上一步的操作，依次对另外的叶片加厚，最终结果如图 7-38（c）所示。

图 7-37　【增加薄片实体的厚度】和【厚度方向】对话框

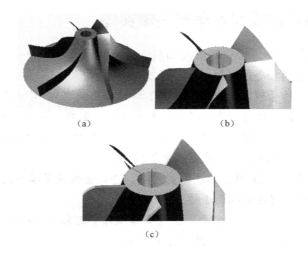

图 7-38　叶轮叶片加厚

7.2.4　创建中空立方体

【例 7-4】　利用布尔运算命令创建一个中空的立方体。

[1] 利用【画圆柱体】命令和【画立方体】命令创建两个实体，如图 7-39（a）、（b）所示。

[2] 利用【平移】命令将两实体对中，如图 7-39（c）所示。

[3] 选择【实体】/【布尔运算-结合】命令，依次选择两圆柱体，选择完成后单击【结束选择】按钮，即可将两圆柱体结合成一个实体。

[4] 选择【实体】/【布尔运算-切割】命令，选择立方体作为【目标主体】，由两圆柱结合成的实体作为【工件主体】，选择完成后单击【结束选择】按钮，即可生成如图 7-39（d）所示的中空立方体。

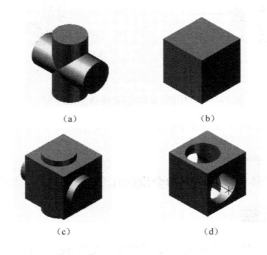

图 7-39　构建中空立方体

7.2.5 利用实体操作管理器编辑实体

【例 7-5】 利用实体操作管理器修改烟灰缸抽壳的厚度并删除一个切割特征。

[1] 打开前面创建的抽壳烟灰缸文件。

[2] 单击【实体操作管理器】中的【薄壳】特征前面的"+"号，如图 7-40（a）所示，会弹出【薄壳】特征的子选项【参数】和【图形】项，如图 7-40（b）所示。

[3] 单击【参数】项，弹出【实体薄壳】对话框，可以在对话框内修改薄壳的厚度及方向等参数，修改完成后，单击【确定】按钮 ![✓] 。

[4] 在一个【挤出 切割】项上单击鼠标右键，会弹出快捷菜单如图 7-40（c）所示，单击【删除】即可将该特征删除掉。

[5] 所有参数修改完成后，一定要单击【实体操作管理器】上部的【全部重建】按钮，如图 7-40（d）所示，否则修改不会被显示。

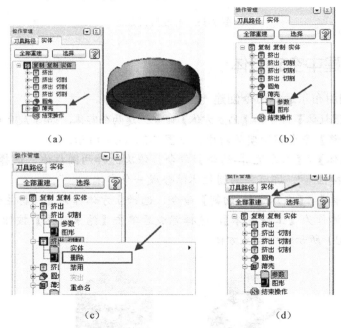

（a）   （b）

（c）   （d）

图 7-40　利用实体操作管理器修改实体

7.3　综合实例

本节我们综合运用实体建立和编辑命令绘制几个较复杂的实体模型。

7.3.1　创建盥洗盆

【例 7-6】 综合运用实体创建及实体编辑命令创建如图 7-41 所示的盥洗盆造型，尺寸参考图 7-43（a）。

[1] 切换到【顶视图】方向，利用绘制【矩形】命令、绘制【圆弧】命令以及【串连补正】命令绘制四个截面图形，尺寸如图 7-43（a）所示。

[2] 选中最大的两个封闭图形，切换到【前视图】方向，选择【转换】/【平移】命令，系统弹出【平移】对话框，设置相关参数，将选中的图形向上平移距离 8，再切换到【轴测图】方向，如图 7-43（b）所示。

[3] 选择【实体】/【挤出实体】命令，系统弹出【串连选项】对话框，选择 $\phi4$ 小圆，单击【串连选项】对话框中的【确定】按钮，系统会弹出【实体挤出的设置】对话框，设置方向向下，距离为 2，单击【确定】按钮，结果如图 7-43（c）所示。

[4] 选择【实体】/【举升实体】命令，系统弹出【串连选项】对话框，依次选择两个小的带圆角矩形封闭图形，单击【串连选项】对话框中的【确定】按钮，系统会弹出【举升实体的设置】对话框，选择【创建实体】，单击【确定】按钮，结果如图 7-43（d）所示。

[5] 调整视角以使底面可见，如图 7-43（e）所示。选择【实体】/【布尔运算-结合】命令，依次选择两个刚生成的实体，选择完成后单击【结束选择】按钮，此时图形虽无变化，但是两实体已被结合成了一个实体。

[6] 选择【实体】/【倒圆角】/【实体倒圆角】命令，系统弹出【标准选择】工具栏并提示选择需倒圆角的图素。此时选中工具栏上的【选择边界】按钮（其他选择按钮最好处于非选状态），然后选择两实体的交线，单击【结束选择】按钮，此时系统会弹出【实体倒圆角参数】对话框，在对话框里设置圆角半径为 1，单击【确定】按钮，结果如图 7-43（f）所示。

[7] 选择【实体】/【实体抽壳】命令，系统提示：【请选择要保留开启的主体或面】，此时选择实体的大的顶面和最小的底面的圆面，选择完成后单击【结束选择】按钮，此时系统会弹出【实体抽壳】对话框，设置好薄壳生成的方向向外、厚度为 0.5，单击【确定】按钮，切换到合适的视角，结果如图 7-43（g）所示。

[8] 选择【实体】/【挤出实体】命令，系统弹出【串连选项】对话框，依次选择两个大的带圆角矩形封闭图形，单击【串连选项】对话框中的【确定】按钮，系统会弹出【实体挤出的设置】对话框，如图 7-42 所示，选择【增加凸缘】方式，选择【合并操作】，延伸距离设置为 0.5，确认方向向下，单击【确定】按钮，然后选择抽壳实体作为主体，单击【结束选择】按钮，结果如图 7-43（h）所示。

[9] 选择【实体】/【倒圆角】/【实体倒圆角】命令，系统弹出【标准选择】工具栏并提示选择需倒圆角的图素。选择图 7-43（h）上箭头所指的两个平面，单击【结束选择】按钮，此时系统会弹出【实体倒圆角参数】对话框，在对话框里设置圆角半径为 1，单击【确定】按钮即可，最终结果如图 7-41 所示。

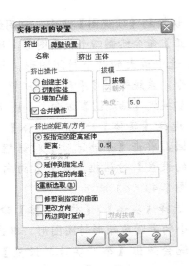

图 7-41 盥洗盆造型   图 7-42 【实体挤出的设置】对话框

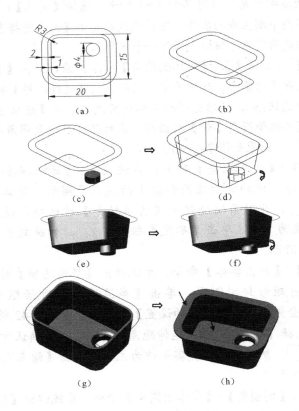

图 7-43 盥洗盆创建过程

7.3.2 螺栓造型

【例 7-7】 利用倒角命令、倒圆角命令和布尔运算-结合命令创建并编辑螺栓，尺寸自定。

[1] 切换到【顶视图】方向，首先绘制一个外接圆为$\phi20$的正六边形和一个直径$\phi10$、长30的圆柱，基准点都用（0,0,0），如图7-46（a）所示。

[2] 选择【实体】/【挤出实体】命令，选择正六边形，方向向下挤出距离为30，挤出螺栓头部，切换到【轴测图】方向，如图7-46（b）所示。

[3] 选择【实体】/【布尔运算-结合】命令，依次选取圆柱和螺栓头部的正六棱柱，单击【结束选择】按钮，将两实体结合成一个实体。

[4] 选择【实体】/【倒圆角】/【实体倒圆角】命令，系统弹出【标准选择】工具栏并提示选择需倒圆角的图素。此时选中工具栏上的【选择边界】按钮（其他选择按钮最好处于非选状态），然后选择六棱柱和圆柱的交线，单击【结束选择】按钮，此时系统会弹出【实体倒圆角参数】对话框，在对话框里设置圆角半径为1，单击【确定】按钮，结果如图7-46（c）所示。

[5] 选择【实体】/【倒角】/【单一距离倒角】命令，系统弹出【标准选择】工具栏并提示选择需倒角的图素。此时选择圆柱的顶端交线圆，单击【结束选择】按钮，此时系统会弹出【实体倒角参数】对话框，在对话框里设置倒角距离为1，单击【确定】按钮，结果如图7-46（d）所示。

[6] 切换到【右视图】方向，绘制一条约30°的小斜线以及过点（0,0,0）的竖直线，如图7-46（e）所示。

[7] 选择【绘图】/【曲面】/【旋转曲面】命令，选择小斜线为母线，过点（0,0,0）的直线为轴线生成旋转曲面，如图7-46（f）所示。

[8] 选择【实体】/【实体修剪】命令，在弹出的【修剪实体】对话框中选择【曲面】方式，如图7-44所示，用刚生成的旋转曲面修剪螺栓头部，结果如图7-46（g）所示。

[9] 切换到【顶视图】方向，选择【绘图】/【绘制螺旋线】命令，在弹出的【螺旋形】对话框中设置参数如图7-45所示，以（0,0,0）为基准点生成螺旋线，切换到【前视图】方向，如图7-46（h）所示。

图7-44 【修剪实体】对话框

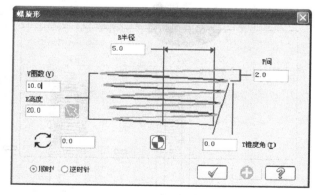

图7-45 【螺旋形】对话框

[10] 将螺旋线向上平移到圆柱端部附近，如图7-46（i）所示。在螺旋线端部绘制一个等边小三角形，并旋转使其一个角指向螺栓轴线方向，如图7-46（j）所示。

[11] 选择【实体】/【扫描实体】命令，以三角形为截面图形，螺旋线为路径生成螺旋

实体，如图 7-46（k）所示。

[12] 选择【实体】/【布尔运算-切割】命令，用圆柱体切割掉螺旋实体，并调整合适的角度，最终结果如图 7-46（l）所示。

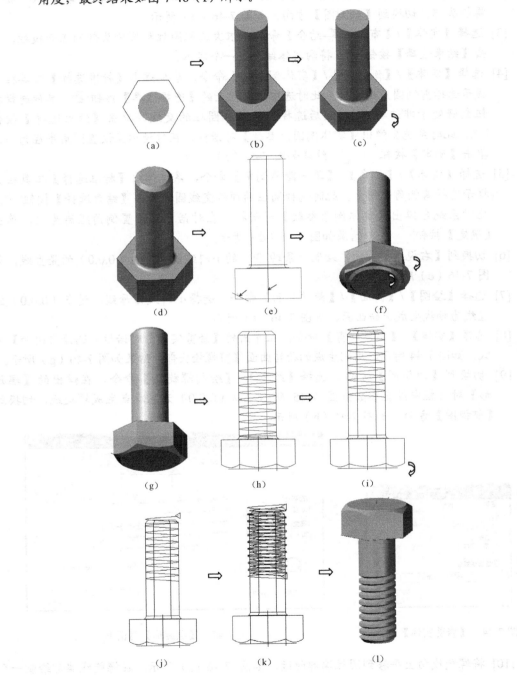

图 7-46　螺栓创建示例

7.4 课后练习

1．思考题

（1）常用实体编辑工具有哪几种？各有何特点？

（2）如何使用实体操作管理器进行实体建模的编辑修改？

（3）实体抽壳和移动实体表面命令有何区别？

2．上机题

（1）要求使用实体编辑命令绘制如图 7-47 所示的零件模型，尺寸自定。

（2）要求使用实体编辑命令绘制如图 7-48 所示的零件模型，尺寸参照所给的零件图。

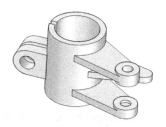

图 7-47 零件模型

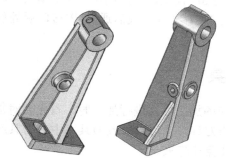

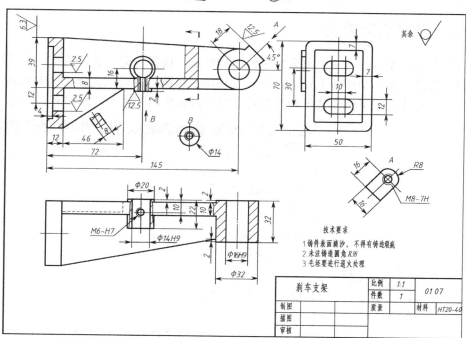

图 7-48 刹车支架

第8章

加工设置

Mastercam X5 能够实现二维图形、三维曲面及线框图的加工，它具有强大的加工功能，加工方式和参数也相当丰富。本章主要介绍 Mastercam X5 系统加工的通用设置：首先利用 CAD 模块设计产品的 3D 模型，然后利用 CAM 模块（通过对加工刀具、工件材料及加工操作等的设置）产生 NCI 文件，最后通过 POST 后处理产生数控设备可以直接执行的代码 NC 文件。

8.1 设置加工刀具

利用 CAM 模块下相应的加工方式进行加工时，首先要对加工刀具进行设置，用户可以直接调用系统刀具库中的刀具，也可以修改刀具库中的刀具产生需要的刀具形式，还可以自定义新的刀具，并将其保存起来。

8.1.1 选择机床类型

完成工件的造型以后，首先要分析工件结构特点，选择合适的数控机床。在【机床类型】菜单中选择机床，如图 8-1 所示。既可使用默认机床，也可以选择【机床列表管理】命令，在弹出的【自定义机床菜单管理】对话框中自定义机床类型，如图 8-2 所示。

图 8-1 【机床类型】菜单   图 8-2 【自定义机床菜单管理】对话框

8.1.2　选择刀具库中的刀具

用户首先应选择【机床类型】和【刀具路径】等参数。例如我们绘制一个简单的平面图形，在【机床类型】中选择【铣床】，在【刀具路径】中选择【平面铣】，根据提示给新的加工命名并且选择平面图形作为加工路径，此时系统会弹出相应类型的加工对话框，如图 8-3 所示。

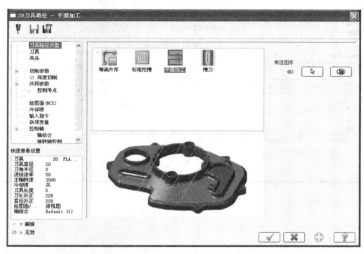

图 8-3　【2D 刀具路径-平面加工】对话框

单击【平面加工】对话框里的【刀具】选项，切换到如图 8-4 所示对话框。从刀具库中选择刀具可用两种方式：在空白区域单击鼠标右键，弹出如图 8-5 所示快捷菜单，选择【刀具管理】选项或者【选择库中的刀具】选项；单击空白区域下方的 选择库中的刀具 【选择库中的刀具】按钮，弹出【选择库中的刀具】选项，从中选择需要的刀具即可，如图 8-6 所示。

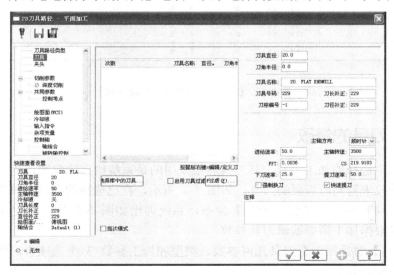

图 8-4　【2D 刀具路径-平面加工】/【刀具】对话框

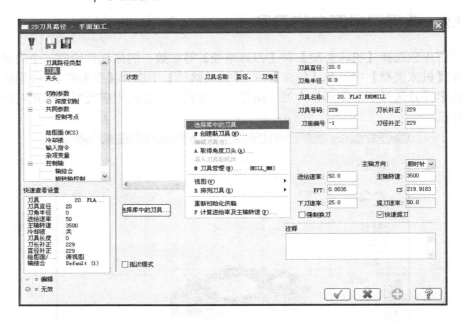

图 8-5　快捷菜单

图 8-6　【选择库中的刀具】对话框

8.1.3　刀具的修改

从刀具库中选择的加工刀具，其刀具参数采用的是系统给定的参数，用户也可以对相应参数进行修改来得到所需要的刀具。如图 8-7 所示，在已选择的刀具上单击鼠标右键，在弹出的快捷菜单中选择【编辑刀具】命令，系统弹出如图 8-8 所示【定义刀具】对话框，用户可以根据加工需要编辑刀具参数。

【定义刀具】对话框中有刀具几何参数、类型和加工参数 3 个选项卡，下面分别介绍各选项卡中的相关参数。

（1）【平底刀】选项卡：选择刀具类型后，系统将自动打开该类型刀具的选项卡。如选择"平底刀"，则打开【平底刀】选项卡，如图 8-8 所示。该选项卡用于定义刀具和夹头的结构尺寸参数及刀具加工方式。不同类型刀具选项卡的内容有所不同，但其主要参数都一样。

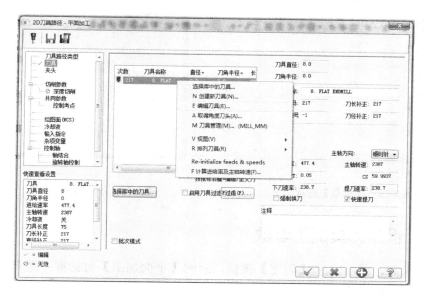

图 8-7　快捷菜单

（2）【类型】选项卡：点单击【定义刀具】对话框中的【类型】标签，打开【类型】选项卡，如图 8-9 所示。用户可以根据需要选择合适的刀具类型，系统默认的刀具类型为"平底刀"。在加工中常用的刀具主要有平底刀、圆鼻刀和球刀。

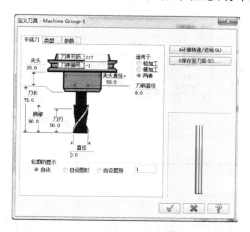

图 8-8　【定义刀具】对话框

图 8-9　【定义刀具】|【类型】选项卡

（3）【参数】选项卡：在系统弹出的刀具参数设置对话框中切换到【参数】选项卡，如图 8-10 所示，可以设置刀具进给率、刀具材料和冷却方式等参数。冷却方式对话框如图 8-11 所示。

 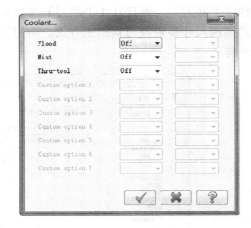

图 8-10　【参数】选项卡　　　　　　　图 8-11　冷却方式对话框

8.1.4　设置刀具加工参数

　　选择刀具后，单击 ✔ 【确定】按钮，返回【平面加工】对话框，用户可设置刀具加工参数，如图 8-12 所示。

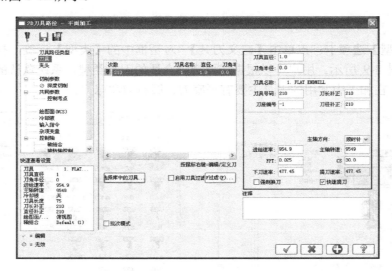

图 8-12　设置刀具参数

　　刀具加工参数是加工刀具路径的共同参数，也是数控加工的重要参数。无论采用何种方法生成刀具路径，在制定加工区域后，都需要定义加工刀具的参数，这些参数会直接影响到后处理程序。下面以"平底刀"为例进行介绍。

- 【刀具直径】：显示刀具直径。粗加工时，根据工件结构和特点选择直径较大的刀具，提高加工效率；精加工时，根据轮廓最小圆角，选择小于圆角的刀具，提高加工质量。

- 【刀角半径】：显示刀具的圆角半径。设置球刀或圆角刀的刀角半径时，要根据轮廓周边的过渡圆角来定，以免发生过切。
- 【刀具名称】：用于显示所选刀具的名称。
- 【刀具号码】：用于设置刀号。
- 【刀座编号】：用于设置刀头号。
- 【刀长补正】：用于刀具长度补偿号。
- 【刀径补正】：刀具半径补偿号。
- 【主轴方向】：选择机床主轴的旋转方向。
- 【进给速率】：设置刀具在 XY 方向的进给速率。如果是钻削，则为 Z 方向上的进给速率。
- 【主轴转速】：设置主轴转速。通常根据刀具的直径大小、刀具材料和工件材料等情况来确定。
- 【下刀速率】：用于设置刀具在 Z 轴方向的进给率。刀具在工件外下刀时可选取偏大值，但一般选择进给率的 2/3（300～1000mm/min）。
- 【提刀速率】：刀具向上提刀退离工件表面的进给率。一般设定为 2000~5000mm/min。
- 【强制换刀】：选中该复选框，在连续的加工操作中使用相同的加工刀具时，系统在 NCI 文件中以代码 1002 代替 1000。
- 【快速提刀】：选中该复选框，加工完毕后系统以机床的最快速度退刀；若未选中此复选框时，加工完毕后系统按设置的退刀速率退刀。
- 【注释】：输入刀具路径注释，以方便将来 NC 程序的阅读。
- 【选择库中刀具】：选择刀具库中的刀具。
- 【刀具过滤】：用于过滤显示刀具。
- 【批次模式】：选中此复选框，系统将对 NC 文件进行批处理。

8.2　设置加工工件

　　加工工件设置就是在编制加工刀具路径之前，通过设置一个与实际工件大小相同的毛坯来模拟加工效果。加工工件的设置包括工件尺寸、原点、材料和显示设置等参数。

8.2.1　设置工件尺寸及原点

　　要设置加工工件尺寸和原点，在加工操作管理器中选择【属性】/【材料设置】选项，如图 8-13 所示，系统弹出如图 8-14 所示【材料设置】选项卡。

　　【材料设置】选项卡包括如下选项。

　　（1）素材视角：用于选择工件视图方向，用户可选择任意存储在零件文件中的视图作为素材视角。当选定一个视图后，所设置工件的边与所选视图平行。一般情况下选择 TOP 俯视图，这也是毛坯的默认状态。

　　（2）形状：用于选择工件的形状，包括以下选项。

- 【矩形】：设置工件为矩形。
- 【圆柱体】：设置工件为圆柱形，此时可选择 X、Y 和 Z 轴来指定圆柱摆放的方向。

- 【实体】：单击按钮，可在图形区选择一部分实体作为工件形状。
- 【文件】：单击按钮，可从一个 STL 文件中输入工件形状。

图 8-13　加工操作管理器　　　　　　　　　图 8-14　【材料设置】选项卡

（3）显示：用于设置工件在图形区的显示方式，包括"线架加工"和"实体"两种方式，如图 8-15 所示。选中"显示"复选框，在屏幕上会显示设置的工件大小；选中"适度化"复选框，工件将以最合适的状态满屏显示。

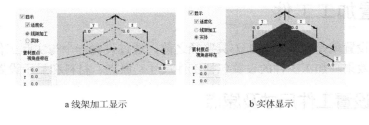

a 线架加工显示　　　　　　　　　　　　　　b 实体显示

图 8-15　工件在图形区的设置方式

（4）设置工件尺寸：Mastercam X5 提供了以下几种设置工件尺寸的方法。

- 直接输入：直接在工件图的 XYZ 输入框中输入工件尺寸，如图 8-16 所示。
- 选择角落(E).：单击按钮，返回图形区后选择图形对角的两个点以确定工件范围。根据选择的角重新计算毛坯原点，毛坯上的 X 和 Y 轴尺寸也随着改变。
- B边界盒(B)：单击此按钮，根据图形边界确定工件的尺寸，并自动改变 X 轴、Y 轴和原点坐标。但一般产生的工件大小不准确，较少使用。

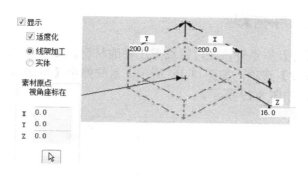

图 8-16　直接输入法设置工件尺寸

- **NCI 范围(N)**：单击此按钮，可根据刀具在 NCI 文档中的移动范围确定工件尺寸，并自动求出 X 轴、Y 轴和原点坐标。系统自动计算出刀具路径最大和最小坐标作为工件范围，并求出毛坯原点坐标。
- **所有曲面**：单击此按钮，系统选择所有曲面边界作为工件尺寸并自动求出 X 轴、Y 轴和原点坐标。
- **所有实体**：单击此按钮，系统选择所有实体边界作为工件尺寸并自动求出 X 轴、Y 轴和原点坐标。
- **所有图素**：单击此按钮，系统选择所有图素边界作为工件尺寸并自动求出 X 轴、Y 轴和原点坐标。
- **全部取消选取**：单击此按钮，取消所有尺寸的设置。

（5）工件原点设置：工件尺寸设置完毕后，应对工件原点进行设置，以便对工件进行定位。工件原点设置实际上就是求解毛坯上表面的中心点在绘图坐标系的坐标。

工件原点设置包括原点位置和原点坐标两个方面。工件原点可以设置在立方体工件的 10 个特殊位置上，包括立方体的 8 个角点和上下面的中心点，系统用一个小十字箭头表示。若设置工作原点位置，可将光标移动到各特殊点位置上，然后单击鼠标左键即可将该点设置为工件原点，如图 8-17 所示。

工件原点的坐标可以通过在【素材原点】选项组下的 X，Y，Z 文本框中输入，也可以单击按钮返回绘图区选择一点作为工件原点，此时 X，Y，Z 坐标值将自动更改。

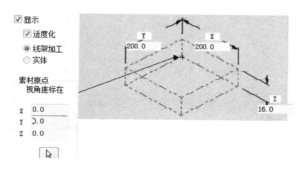

图 8-17　工件原点位置设定

8.2.2　设置工件材料

除了设置工件尺寸及原点外，还可以设置工件的材料。要设置工件材料，单击【操作管理】中的【刀具设置】选项，如图 8-18 所示，系统弹出【机器群组属性】对话框中的【刀具设置】选项卡，如图 8-19 所示。

图 8-18　【刀具设置】选项　　　　　　图 8-19　【刀具设置】选项卡

单击【刀具设置】选项卡中【材质】选项组下的 选择... 按钮，弹出【材料列表】对话框，在该对话框中列出了当前材料列表中的材料名称，如图 8-20 所示。在"材料列表"对话框中单击鼠标右键，弹出如图 8-21 所示的快捷菜单，对材料列表的管理主要通过该快捷菜单来实现。

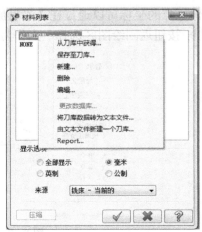

图 8-20　【材料列表】对话框　　　　　　图 8-21　快捷菜单

该快捷菜单中各主要选项如下。

（1）从刀库中获得

该选项用于从系统材料库中选择要使用的材料添加
到当前材料列表中。从材料库中选择材料的过程如下：
在图 8-21 所示对话框【来源】下拉列表框中，选择
【铣床-数据库】选项，此时材料库中的所有材料即可显
示于当前列表中，如图 8-22 所示。选择所需要的材
料，然后单击【确定】按钮  即可。

（2）保存至刀库

该选项用于将当前材料列表中选取的材料存储到材
料库中。

（3）新建

该选项用于创建新的材料。选择该命令后，可以打
开【材料定义】对话框，如图 8-23 所示。

图 8-22　显示材料库中所有材料

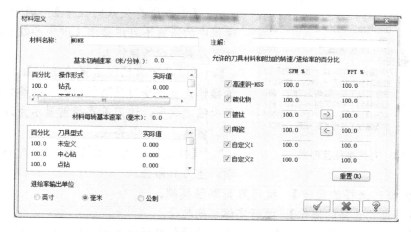

图 8-23　【材料定义】对话框

【材料定义】对话框中各选项的含义如下。

- 【材料名称】：输入新建材料的名称。
- 【基本切削速率】：用于设置材料的基本切削线速度。在下面的列表中可以设置不同
  加工操作类型时的切削线速度与基本切削速率的百分比。
- 【材料每转基本速率】：用于设置材料的基本进刀量。在下面的列表中可以设置不同
  加工操作类型时的进刀量与基本进刀量的百分比。
- 【允许的刀具材料和附加的转速/进给率的百分比】：用于设置可以加工该材料的刀具
  材料类型。
- 【进给率输出单位】：用于设置进刀量的单位。
- 【注解】：用于输入任何操作的注释。

（4）删除

该选项用于删除所选材料。

（5）编辑

该选项用于编辑选定的材料。在选定的材料上单击鼠标右键选择该命令后，会弹出如图 8-23 所示的【材料定义】对话框，用户可根据需要编辑相关参数。

8.3 操作管理

当所有的加工参数和工件参数都设置好之后，可以利用加工操作管理器进行实际加工前的切削模拟，当一切都符合要求后再利用 POST 后处理器输出正确的 NC 加工程序。

8.3.1 刀具路径管理器

刀具路径管理器如图 8-24 所示。

刀具路径管理器中各选项的含义如下。

图 8-24　刀具路径管理器

- **【选择所有的操作】**：用于选择操作管理器列表中的所有可用操作。

- **【选择所有失败的操作】**：用于选择操作管理器中的所有不可用操作（改变参数后，需要重新计算刀具路径的操作）。

- **【重建所有已经选择的操作】**：对于所选择的操作，当改变刀具路径中的一些参数时，刀具路径也随之改变，该刀具路径前显示为■，单击该图标，重新产生刀具路径。

- **【重建所有已失败的操作】**：对不可用操作重新产生刀具路径。

- ≋ **【模拟已选择的操作】**：执行刀具路径模拟。

- ◈ **【验证已选择的操作】**：执行实体切削验证。

- **G1 【后处理已选择的操作】**：对所选择的操作执行后处理输出 NC 程序。

- **【省时高效加工】**：设置省时高效加工参数。

- **【删除所有操作群组和刀具】**：删除操作管理器中的一切刀具路径和操作。

- **【帮助】**：用于显示帮助文件。

- **【切换已经锁定的操作】**：选定所选择的操作，不允许再对所锁定操作进行编辑。

- ≋ **【切换刀具路径显示】**：对于复杂工件的加工往往需要多个加工步骤，如果把所有加工步骤的刀具路径都显示出来，势必混乱。单击该按钮可关闭/显示相应的刀具路径。

- **【切换已选取的后处理操作】**：锁定选择加工操作的 NC 程序输出，此时该加工操作无法利用后处理功能输出 NC 程序。

- ▼ **【移动插入箭头到下一项】**：将即将生成的刀具路径移动到当前位置的下一个操作的后面。

- ▲ **【移动插入箭头到上一项】**：将即将生成的刀具路径移动到当前位置的上一个操作的后面。

- ↳ 【插入箭头位于指定的操作或群组之后】: 将插入箭头移动到指定的加工操作后。
- ⇕ 【显示滚动窗口的插入箭头】: 当前加工操作很多, 插入的箭头不在显示范围内时, 单击该按钮可以迅速显示插入箭头的位置。
- ▨ 【单一显示已选择的刀具路径】: 当前加工操作很多, 单独查看某一步刀具路径时, 单击该按钮, 仅显示该步刀具路径。
- ❂ 【单一显示关联图形】: 仅显示某一相关联图形。

将鼠标放在某一项目上, 单击鼠标右键, 出现路径操作界面, 可以对项目进行剪切、删除、关闭刀具路径等操作。单击有子菜单的项目还可进行下一步操作。

8.3.2 刀具路径模拟

刀具路径模拟是通过刀具刀尖运动轨迹, 在工件上形象地显示刀具的加工情况, 用于检测刀具路径的正确性。

在操作管理器中选择一个或多个操作后, 单击操作管理器中的 ▨ 按钮, 弹出如图 8-25 所示的【刀路模拟】对话框, 同时在图形区上方出现如图 8-26 所示的类似视频播放器的控制工具条。

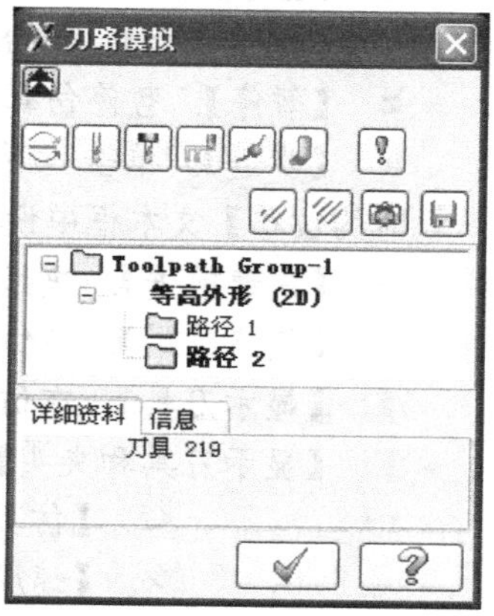

【刀路模拟】对话框中各选项按钮的含义如下。

- ▧ 【显示颜色切换】: 当按钮处于按下状态时, 将刀具所移动的路径着色显示。

图 8-25 【刀路模拟】对话框

- ▮ 【显示刀具】: 当按钮处于按下状态时, 在模拟过程中显示刀具。
- ⊻ 【显示夹头】: 当按钮处于按下状态时, 在模拟过程中显示刀具的夹头, 以便检验加工中刀具和刀具夹头是否会与工件碰撞。

图 8-26 【刀具路径模拟】工具栏

- ▤ 【显示快速移动】: 当按钮处于按下状态时, 在加工时从一个加工点移动到另一个加工点, 需抬刀快速移位, 此时并未切削, 单击该按钮将显示快速位移路径。
- ✎ 【显示端点】: 当按钮处于按下状态时, 显示刀具路径节点的位置。
- ▨ 【着色验证】: 当按钮处于按下状态时, 对刀具路径涂色进行验证。
- ▯ 【选项】: 单击该按钮, 弹出"刀具路径模拟选项"对话框, 可设置刀具和刀具路径的显示参数。
- ▨ 【限制路径】: 当按钮处于按下状态时, 系统只显示正在切削的刀具路径。
- ▨ 【关闭限制路径】: 当按钮处于按下状态时, 将显示所有刀具路径。
- ▣ 【将刀具保存为图形】: 保存刀具及其夹头在某处的显示状态。
- ▤ 【将刀具路径保存为图形】: 保存刀具路径为几何图形。

8.3.3 加工仿真

加工仿真，即实体切削验证，就是对工件进行逼真的切削模拟来验证所编制的刀具路径是否正确，以便编程人员及时修正，避免工件报废，甚至可以省去试切环节。

在操作管理器中选择一个或多个操作后，单击操作管理器上方的 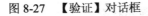 按钮，弹出【验证】对话框，如图 8-27 所示。

【验证】对话框中主要选项的含义如下。

- ⏮ 【重新开始】：结束当前仿真加工，返回初始状态。
- ▶ 【持续执行】：开始连续仿真加工。
- ■ 【暂停】：暂停仿真加工。
- ⏭ 【步进】：单击一下，走一步或几步，可在【显示控制器】选项组中的【每次手动时的位移】文本框中设置每步步进量进行仿真。
- ⏩ 【快速前进】：快速仿真，不显示加工过程，直接显示加工结果。
- 【最终结果】：在仿真过程中不显示刀具和模拟过程，只显示验证的最终结果。
- 【显示刀具】：在仿真过程中显示刀具和切削过程。
- 【显示刀具和夹头】：在仿真过程中显示刀具和夹头以及切削过程。
- 快速 ──┃── 品质 【仿真质量滑动条】：调节仿真加工的速度。
- 🚶 ── ┃ 🏃 【速度滑动条】：用于控制仿真模拟的速度。
- 【验证选项】：单击此按钮，如图 8-28 所示可以对材料形状、边界线、材料尺寸及杂项选项进行设置。

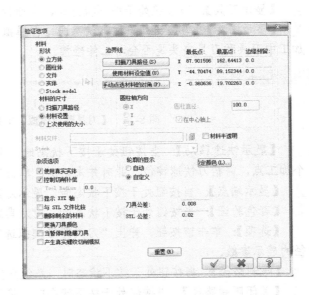

图 8-27　【验证】对话框　　　　图 8-28　【验证选项】按钮对话框

8.3.4 后处理

实体加工模拟完毕后，若未发现任何问题，便可以使用 POST 后处理产生 NC 程序。要执行后处理功能，单击加工操作管理器中的 **G1** 按钮，系统弹出如图 8-29 所示【后处理程式】对话框。

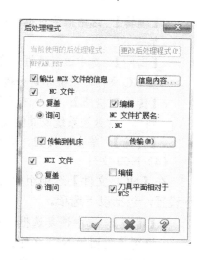

下面将该对话框中各参数选项简单介绍如下。

（1）当前使用的后处理程序

不同的数控系统所用的加工程序的语言格式不同，即 NC 代码也有些差别。用户应根据机床数控系统的类型选择相应的后处理器，系统默认的后处理器为 MPFAN.PST（日本 FANUC 数控系统控制器）。

若要使用其他的后处理器，单击【更改后处理程式】按钮来更改，但该按钮只有在未指定任何后处理器

图 8-29 【后处理程式】对话框

的情况下才能被激活。若用户想要更改后处理器类型，在【刀具路径管理器】中打开【属性】/【文件】选项，如图 8-30 所示，系统弹出【文件】选项卡，如图 8-31 所示。单击【机床】选项组下的【替换】按钮，在弹出的【打开】对话框中选择合适的后处理器类型。

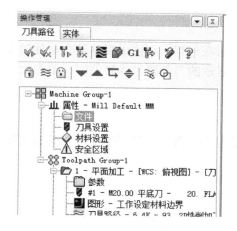

图 8-30 【属性】文件夹选项

图 8-31 【文件】选项卡

（2）输出 MCX 文件的信息

选中【输出 MCX 文件的信息】复选框，用户可将 MCX 文件的注解描述写入 NC 程序中。单击其后的【信息内容】按钮，还可以对注解描述进行编辑。

（3）NC 文件

在【NC 文件】选项组中可以对后处理过程中生成的 NC 文件进行设置，包括以下选项。

- 【覆盖】：选中该复选框，在生成 NC 文件时，若存在相同名称的 NC 文件，系统直接覆盖前面的 NC 文件。

- 【编辑】：选中该复选框，系统在保持 NC 文件后还将弹出 NC 文件编辑器供用户检查和编辑 NC 文件。
- 【询问】：选中该复选框，在生成 NC 文件时，若存在相同名称的 NC 文件，系统直接覆盖 NC 文件之前提示是否覆盖。
- 【传输到机床】：选中该复选框，在存储 NC 文件的同时将 NC 文件通过串口或网络传送到机床的数控系统或其他设备。
- 【传输】：单击该按钮，系统弹出【传输】对话框，用户可设置传输参数。

（4）NCI 文件

在【NCI 文件】选项组中可以对后处理过程中生成的 NCI 文件（刀具路径文件）进行设置，包括以下选项。

- 【覆盖】：选中该复选框，在生成 NCI 文件时，若存在相同名称的 NCI 文件，系统直接覆盖前面的 NCI 文件。
- 【编辑】：选中该复选框，系统在保持 NCI 文件后还将弹出 NCI 文件编辑器供用户检查和编辑 NCI 文件。
- 【询问】：选中该复选框，在生成 NCI 文件时，若存在相同名称的 NCI 文件，系统直接覆盖 NCI 文件之前提示是否覆盖。

8.3.5　其他设置

1．关闭刀具路径显示

为了避免过多的加工操作产生的刀具路径显示混杂在一起，不便于观察某个单独加工步骤的刀具路径，可以利用加工操作管理器将不需要显示的刀具路径临时关闭。单击加工操作管理器中的≈按钮，可临时关闭刀具路径。

2．锁定加工操作

用户在完成一系列操作设置后，在确保无误的情况下，为了避免误操作带来的参数变化，可以单击加工管理器中的🔒【锁定】按钮。

8.4　综合应用实例

本节我们综合应用前面讲述的知识点进一步熟悉加工环境和刀具设置。

启动 Mastercam X5 软件，选择【绘图】命令，绘制加工几何图形，如图 8-32 所示。

步骤1　选择加工系统

选择【机床类型】/【铣床】/【默认】命令，系统进入铣削加工模块。

步骤2　启动外形加工

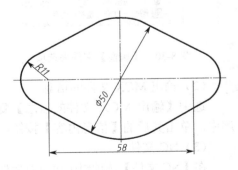

图 8-32　加工的几何图形

选择【刀具路径】/【外形铣削】命令，弹出的【输入新 NC 名称】对话框如图 8-33 所示，

输入名称后单击  【确认】按钮退出。

系统弹出【串连选项】对话框如图 8-34 所示，此时选择如图 8-32 所示的串连外形，单击【串连选项】对话框中的确认按钮 ⊘ 。

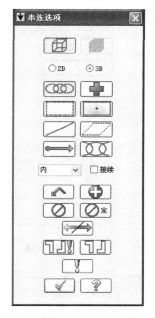

图 8-33　【输入新 NC 名称】对话框　　　图 8-34　【串连选项】对话框

步骤3 设置刀具参数

[1] 系统弹出如图 8-35 所示的【等高外形】对话框，单击【刀具】选项卡打开如图 8-36 所示对话框，选择空白区域下的 选择库中的刀具 按钮，弹出如图 8-37 所示【选择刀具】对话框。或者在刀具栏空白区域单击鼠标右键，弹出快捷菜单如图 8-38 所示，选择【刀具管理】命令，系统弹出如图 8-39 所示【刀具管理】对话框。

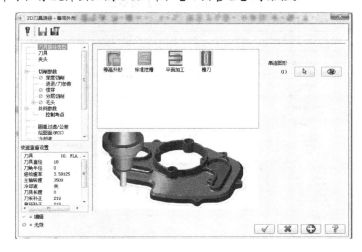

图 8-35　【等高外形】对话框

[2] 选择∅3 平底刀，单击 ↑ 按钮 或者双击鼠标左键，单击【确认】按钮 ✓ 退出。

[3]【刀具】选项卡中，确定已选择刀具列表中∅3 平底刀，设置如图 8-40 所示参数："进给速率"为 300，"下刀速率"为 100，"主轴转速"为 2000，"提刀速率"为 1500，其他参数保持默认。

图 8-36　【等高外形】/【刀具】选项卡

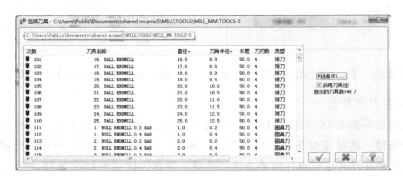

图 8-37　【选择刀具】对话框

图 8-38　快捷菜单

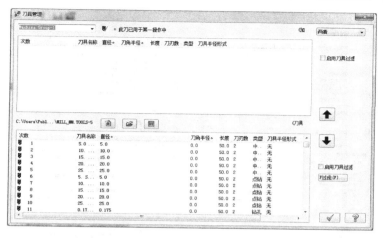

图 8-39　【刀具管理】对话框

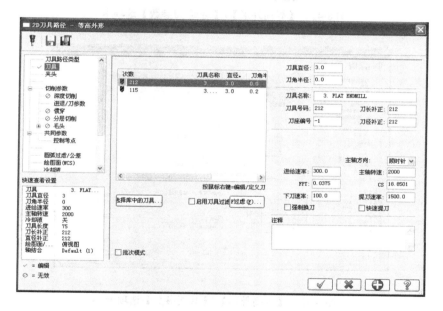

图 8-40　设置刀具参数

步骤4 设置加工参数

[1] 在【进/退刀参数】选项卡中，进行如图 8-41 所示参数设置。

[2] 在【共同参数】选项卡中，进行如图 8-42 所示参数设置。

步骤5 生成刀具路径并验证

[1] 单击【确定】按钮 ✔ ，结束外形参数设置，退出【等高外形】对话框，产生刀具路径如图 8-43 所示。

[2] 单击【等角视图】按钮 ⌼ ，单击加工操作管理器中的【验证已选择的操作】按钮 ⬢ ，弹出如图 8-44 所示【验证】对话框。单击【选项】按钮 ▥ ，进行相关参数设置后，单击【执行】按钮 ▶ ，执行实体加工模拟。模拟加工结果如图 8-45 所示。

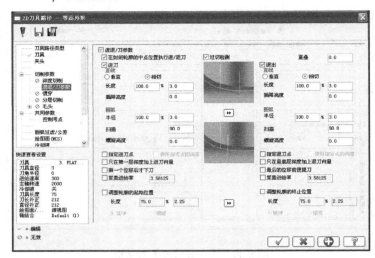

图 8-41　【等高外形】/【进退/刀参数】选项卡

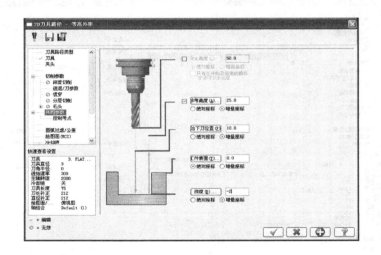

图 8-42　【等高外形】/【共同参数】选项卡

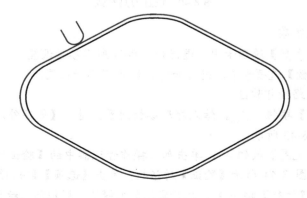

图 8-43　刀具路径

步骤6 后处理

[1] 单击加工操作管理器中的 【后处理已选择的操作】按钮 **G1**，系统弹出如图 8-46 所示的【后处理程式】对话框，单击【确定】按钮 ✓ 。

[2] 系统又弹出 NC 文件管理器，输入文件名，单击【保存】按钮，系统弹出如图 8-47 所示的 NC 程序编辑器，显示产生的 NC 程序。

图 8-44 【验证】对话框

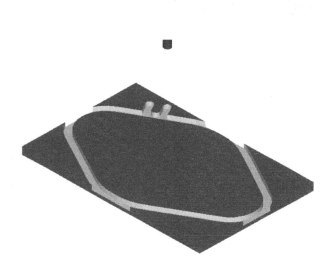

图 8-45 模拟加工结果

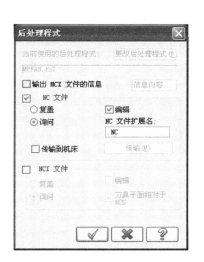

图 8-46 【后处理程式】对话框

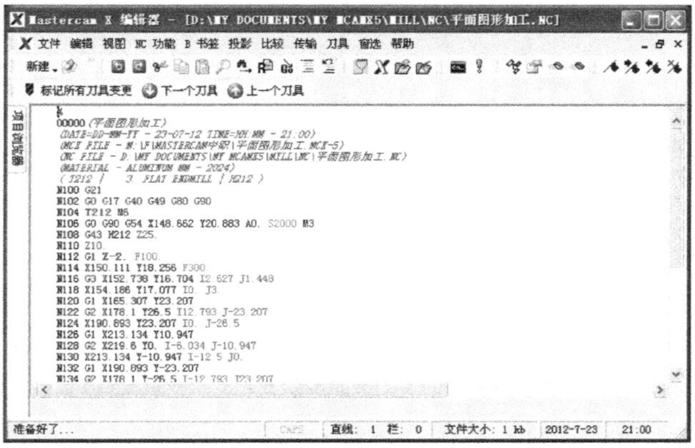

图 8-47 NC 程序编辑器

8.5 课后练习

1．思考题

（1）简述设置加工刀具的具体实现步骤。

（2）简述设置加工工件的具体实现步骤。

2．上机题

要求掌握 Mastercam X5 系统加工的一般流程，熟悉加工设置内容，实现简单二维图形矩形的加工（尺寸任意设定）。

第**9**章

二维加工

二维加工是 Mastercam X5 在铣床加工中的重要加工方式之一。二维加工一般是指在切削动作进行过程中，刀具在高度方向的位置不发生变化，刀具相对工件只在 *XY* 平面内移动位置，使刀具不断切削材料。Mastercam X5 的二维加工提供了 5 种加工方式来适应不同的工件和加工场合。本章主要学习这几种常见的二维铣削方式的操作方法。

9.1 常用铣削方式

选择主菜单【刀具路径】下的相关命令，如图 9-1 所示，可启动二维加工。二维铣削加工功能主要包括外形铣削加工、平面铣削加工、挖槽铣削加工、钻孔铣削加工和雕刻加工等。

9.1.1 外形铣削

选择【刀具路径】/【外形铣削】命令，弹出【串连选项】对话框，串连选择完成工件轮廓后，系统弹出【等高外形】参数设置对话框，打开【共同参数】选项卡，如图 9-2 所示。外形铣削专用参数介绍如下。

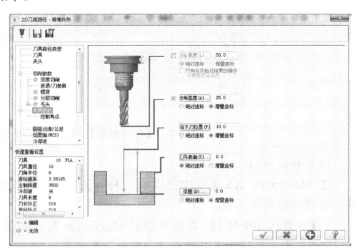

图 9-1 【刀具路径】下的相关命令   图 9-2 【共同参数】选项卡

1．高度设置

高度设置包括安全高度、参考高度、进给下刀位置、工件表面、深度等 5 个方面。

- **【安全高度】**：安全高度是刀具开始加工和加工结束后返回机械原点前所停留的高度位置。安全高度一般设置为工件最高表面位置高度再加 10～20mm。
- **【参考高度】**：参考高度是指刀具结束某一路径加工或避让岛屿，进入下一路径加工前在 Z 轴方向上刀具回升的高度。一般为工件表面位置高度再加 5～20mm。
- **【进给下刀位置】**：在实际切削中刀具从安全高度以 G00 方式快速移到位置，然后再从此位置以 G01 方式下刀。进给下刀位置一般为工件表面上面 2～5mm。
- **【工件表面】**：用户可以在此文本文框中输入工件表面的高度位置。
- **【深度】**：设置切削加工 Z 轴总的加工深度。在 2D 刀路中深度值应该为负值。

> 📖 提示：每个参数设置都有【绝对坐标】和【增量坐标】两种方式。一般将参考高度和进给下刀位置、深度设定为增量坐标，而工件表面设置为绝对坐标以避免发生错误。

2．补偿设置

数控机床中 NC 程序所控制的是刀具中心的轨迹，而零件图形提供的是零件加工后应该达到的尺寸，因此在编制加工程序时需要将零件图样的尺寸换算成刀具中心尺寸，称为刀具补偿。

Mastercam X5 补偿设置的相关参数如图 9-3 所示。

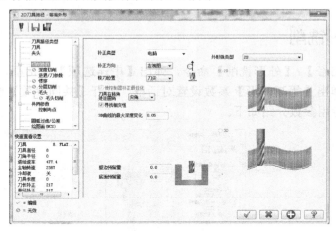

图 9-3　【等高外形】/【切削参数】选项卡

（1）补正类型

在 Mastercam X5 系统中提供了 5 种补正类型，如图 9-4 所示，常用的是计算机（电脑）补偿和控制器补偿。

- **【计算机（电脑）】**：电脑补偿由 Mastercam 软件实现，计算刀具路径时将刀具中心向指定方向移动一个补偿量（一般为刀的半径）。

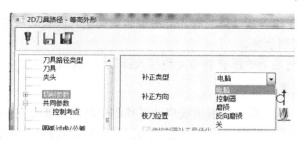

图 9-4　补正类型

- **【控制器】**：控制器补偿时，以要加工零件图形的尺寸为依据来计算坐标，并在程序的某些行中加入补偿命令（如左补偿 G41、右补偿 G42）及补偿代号。
- **【磨损】**：系统同时采用计算机和控制器补偿方式，且补偿方向相同，并在 NC 程序中给出加入补偿量的轨迹坐标值，同时又输出控制补偿代码 G41 或 G42。
- **【反向磨损】**：系统同时采用计算机和控制器补偿方式，且补偿方向相反。即采用计算机左补偿时，系统在 NC 程序中输出反向补偿控制代码 G42，采用计算机右补偿时，系统在 NC 程序中输出反向补偿控制代码 G41。
- **【关】**：系统关闭补偿方式，刀具中心铣削到轮廓线上。当加工余量为 0 时，刀具中心刚好与轮廓线重合。

（2）补正方向

刀具的补正方向有左视图和右视图两种，如图 9-5 所示。

（3）校刀位置

以上补偿是指刀具在 *XY* 平面内的补偿方式，也可在【校刀位置】选项中设置刀具在 *Z* 轴方向上的补偿位置，如图 9-6 所示。

- **【刀尖】**：补偿到刀具的刀尖。
- **【中心】**：补偿到刀具端头中心。

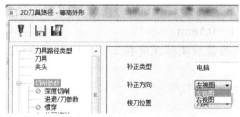
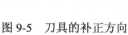

图 9-5　刀具的补正方向

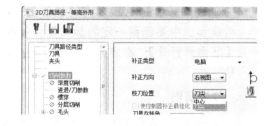

图 9-6　校刀位置

3．转角设置

【刀具在转角处走圆角】用于设置刀具在转角处的刀具路径形式，可设定在外形有尖角处是否要加入刀具路径圆角过渡。

转角设置有以如下 3 种方式，如图 9-7 所示。

- **【无】**：在图形转角处不插入圆弧切削轨迹，而是直接过渡，产生的刀具轨迹形状为尖角。

- 【尖角】：在小于或等于 135° 的几何图形转角处插入圆弧切削轨迹，大于 135° 的转角不插入圆弧切削轨迹。
- 【全部】：在几何图形的所有转角处均插入圆弧切削轨迹。

4．寻找相交性设置

（1）寻找相交性：选中此复选框系统启动寻找相交功能，就是在创建切削轨迹前检视几何图形对象自身是否相交，若发现相交，则在交点以后的几何图形对象不产生切削轨迹。

（2）3D 曲线的最大深度变化量：当外形轮廓为 3D 时，用户可以输入 Z 方向的最大变化误差值，小的误差值能得到更精确的切削轨迹，但是会花费更多的时间生成加工轨迹，并使 NC 程序加长。

5．预留量设置

在实际加工中特别是粗加工中经常要碰到预留量的问题，预留量是指加工时在工件上预留一定厚度的材料以便于下一步的加工。预留量设置包括 XY 方向和 Z 方向的预留量，如图 9-8 所示。

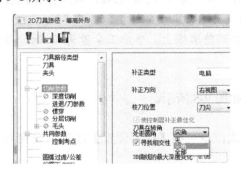 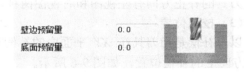

图 9-7　转角设置　　　　　　　　　图 9-8　预留量设置

- 【壁边预留量】：XY 方向的预留量大小，即指在外形轮廓内/外侧预留的加工余量。粗铣加工中要保留一定的加工量，一般为 0.1～0.5mm。
- 【底面预留量】：Z 方向的预留量大小，即切削最后实际深度在工件表面预留的加工余量。

6．分层切削

分层切削是在 XY 方向分层粗铣和精铣，主要用于外形材料切削量较大，刀具无法一次加工到定义的外形尺寸的情形。

单击【切削参数】/【分层切削】选项卡，弹出如图 9-9 所示对话框。该对话框用于设置分层切削参数。

- 【分层切削】：对话框用于设置分层切削参数。
- 【粗加工】：用于确定粗加工次数和切削间距，间距一般为刀具直径的 60%～80%。
- 【精加工】：用于确定精加工次数和切削间距。
- 【执行精修的时机】：用于选择是在最后深度进行精切还是在每层都进行精切。
- 【不提刀】：用于设置刀具在每一次切削后是否回到下刀位置高度。

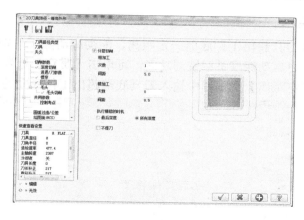

图 9-9 【分层切削】选项卡

7. 深度分层切削

深度分层切削用于指定在 Z 轴分层精铣和粗铣，常用于材料较厚无法一次加工到最后深度的情形。单击【深度切削】选项卡，如图 9-10 所示。

该对话框用于设置深度分层切削参数，各主要选项的含义如下。

- 【最大粗切步进量】：设置两相邻切削路径层间的最大 Z 方向切深。
- 【精修次数】：切削深度方向的精加工次数。
- 【精修量】：精加工时 Z 方向两相邻切削路径的距离。
- 【不提刀】：选中此复选框时，每层切削完毕后不提刀。
- 【使用副程式】：在分层切削时调用子程序，以减少 NC 程序的长度。
- 【深度分层切削顺序】：设置深度铣削次序，包括【依照轮廓】和【依照深度】两种方式。一般加工时优先选用依照轮廓。
- 【锥度斜壁】：选中该复选框，要求输入锥度角，分层铣削时将按照此角度从工件表面至最后切削深度形成锥度。

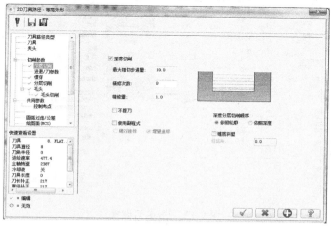

图 9-10 【深度切削】选项卡

8. 贯穿铣削设置

贯穿铣削是指将刀具超出工件底面一定距离，能彻底清除工件在深度方向的材料，避免了残料的存在。要启动深度贯穿铣削功能，可单击【贯穿】选项，打开如图 9-11 所示的对话框，在【贯穿距离】文本框中输入刀具底端超出工件底面的距离。

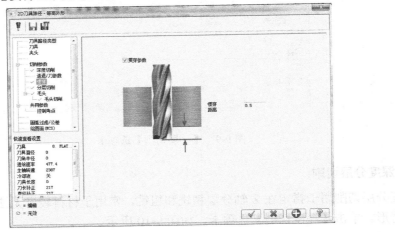

图 9-11 贯穿铣削设置

9. 进/退刀设置

轮廓铣削一般都要求加工表面光滑，如果在加工时刀具在表面切削时间过长（如进刀、退刀、下刀和提刀时），就会在此处留下刀痕。Mastercam X5 的进/退刀功能可以在刀具切入和离开工件表面时加上进退引线使之与轮廓平滑连接，从而防止过切或产生毛边。

单击【进/退刀参数】选项，弹出的对话框如图 9-12 所示。

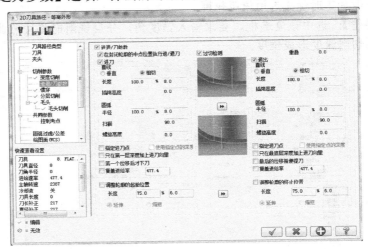

图 9-12 进/退刀设置

（1）在封闭轮廓的中点位置执行进/退刀

选中该复选框，将在所选择几何图形的中点处进行进/退刀，否则在图形端点处进行进/退刀。

（2）过切检测

选中该复选框，将启动进/退刀过切检查，确保进/退刀路径不铣削轮廓外形内部材料。

（3）重叠量

在退刀前刀具仍沿着刀具路径的中点向前切削一段距离，此距离即为退刀的重叠量。退刀重叠量可以减少甚至消除进刀痕。

（4）进刀/退刀

选中该复选框，将启动导入/导出功能，否则关闭导入/导出功能。

- 【直线】：线性导入/导出，有【垂直】和【相切】两种导引方式。
- 【圆弧】：除了加入线性导入/导出刀具路径外，还可以在其后加入圆弧导入/导出刀具路径。圆弧进刀/退刀是以一段圆弧作引入线与轮廓线相切的进/退刀方式，通常用于精加工。

（5）指定进刀点

选中该复选框，进刀的起始点可由操作者在图中指定，通常以在选择串连几何图形前所选择的点作为进刀点。

（6）使用指定点的深度

选择该项，导入将使用所选点的深度。

（7）只在第一层深度加上进刀向量

选中该复选框，当采用深度分层切削功能时，只在第一层采用进刀路径，其他深度不采用进刀路径。

（8）第一个位移后才下刀

选中该复选框，当采用深度分层切削功能时，第一个刀具路径在安全高度位置执行完毕后才能下刀。

（9）覆盖进给率

选中该复选框，用户可以输入进刀的切削速率，否则系统按【进给率】中设置的速率进刀切削，小的进给率能减少切削振动。

（10）调整轮廓的起始位置

选中该复选框，用户可以在【长度】文本框中输入进刀/退刀路径在外形起点的【延伸】或【缩短】量。

10．过滤设置

过滤设置能在满足加工精度要求的前提下删除切削轨迹中某些不必要的点，以缩短NC加工程序，提高加工效率。【圆弧过滤/公差】选项卡如图9-13所示。

11．毛头

Mastercam系统的毛头用于设置装夹工件的压板，此时刀具路径将跳过工件的装夹压板位置。【毛头】选项卡如图9-14所示。

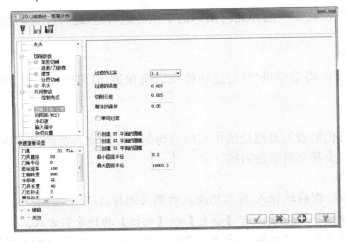

图 9-13　【圆弧过滤/公差】选项卡

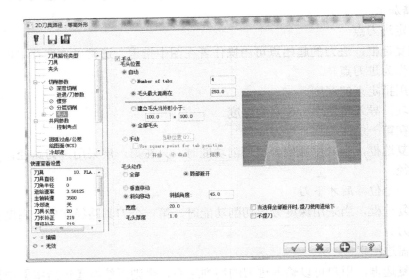

图 9-14　【毛头】选项卡

9.1.2　挖槽加工

挖槽加工也称为口袋加工，其特点是移除封闭区域里的材料，其定义方式由外轮廓与岛屿组成。挖槽加工可大量地去除一个封闭轮廓内的材料，另外通过轮廓与轮廓之间的嵌套关系，去除欲加工部分。

挖槽铣削的专用铣削参数包括挖槽参数和粗加工/精加工参数。

1. 挖槽参数

选择【刀具路径】/【标准挖槽】命令，并在【串连选项】对话框选择完工件轮廓后，系统弹出【标准挖槽】参数设置对话框，如图 9-15 所示。

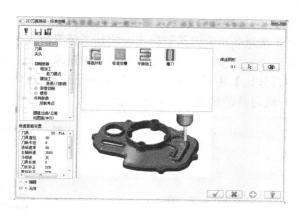

图 9-15　【标准挖槽】参数设置对话框

标准挖槽参数设置中的很多参数与外形铣削参数设置相同，下面主要介绍不同的参数，如图 9-16 所示。

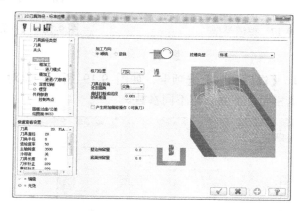

图 9-16　【切削参数】选项卡

（1）加工方向

加工方向主要用于设置挖槽时刀具的旋转方向和其运动方向之间的配合。

（2）产生附加精修操作（可换刀）

在编制挖槽加工中，同时生成一个精加工操作，可以一次选择加工对象完成粗加工和精加工的刀具路径编制。在操作管理器中可以看到同时生成了两个操作。

（3）挖槽类型

挖槽加工包括标准、平面加工、使用岛屿深度、残料加工和打开等五种形式，如图 9-17 所示。

- 【标准】：仅铣削定义凹槽内的材料，而不会对边界外或岛屿进行铣削。
- 【平面加工】：用于将挖槽刀具路径向边界延伸指定的距离，以达到对挖槽曲面的切削，可避免在边界处留下毛刺。选择【平面加工】选项，如图 9-18 所示。
- 【使用岛屿深度】：采用标准挖槽加工时，系统不会考虑岛屿深度变化，对于岛屿深度和槽深度不一致的情况就需要采用该功能。

- 【残料加工】：用于采用较小的刀具切除上一次加工留下的残料部分。
- 【打开】：用于轮廓没有完全封闭、一部分开放的槽形零件加工。

其中【刀具重叠的百分比】用于设置开放式刀具路径超出边界的距离；选中【使用开放轮廓的切削方法】，开放刀具路径从开放轮廓端点起刀。

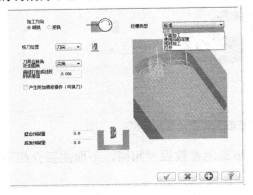

图 9-17　挖槽类型

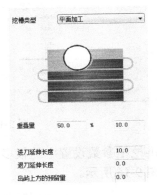

图 9-18　【平面加工】选项

（4）深度切削

打开【标准挖槽】/【深度切削】选项卡，如图 9-19 所示。该对话框中的参数与【外形铣削】深度参数基本相同，下面介绍不同参数。

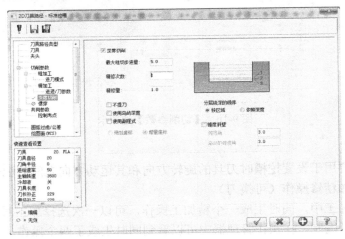

图 9-19　【深度切削】选项卡

- 【使用岛屿深度】：当岛屿深度与外形深度不一致时，将对岛屿深度进行铣削。
- 【锥度斜壁】：选中该复选框，系统按设置的角度进行深度铣削。

2. 粗加工/精加工参数

除挖槽参数外，挖槽加工还要设置粗加工和精加工参数，如图 9-20 所示为【粗加工】选项卡。

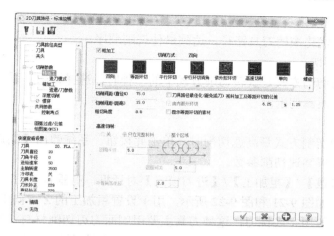

图 9-20 【粗加工】选项卡

（1）粗加工参数

粗加工参数设置主要包括粗铣加工走刀方式设置、切削间距设置、进刀设置、切削方向设置等。

1）粗加工方式，系统提供了 8 种粗加工方式。

- 【双向】：产生来回的直线刀具路径，该方式最经济、省时，适合粗铣面。
- 【单向】：刀具路径相互平行，每段刀具路径的终点，提刀到安全角度后，快速移动到下一段刀具路径的起点，再进行铣削下一段刀具路径动作。
- 【等距环切】：产生一组粗加工刀具路径，确定以等距切除毛坯，并根据新的毛坯重新计算，该选项构建较小的线性移动。
- 【平行环切】：以平行螺旋方式粗加工内腔，每次用横跨步距补正轮廓边界，该选项加工时可能不能干净清除毛坯。
- 【平行环切清角】：以平行环切的同一方法粗加工内腔，但在内腔上增加小的消除加工，可切除更多的毛坯，但不能保证将所有的毛坯都清除干净。
- 【依外形环切】：依外形螺旋方式产生挖槽刀具路径，在外部边界和岛屿间逐渐过滤进行插补方法粗加工内腔。该选项最多只能有一个岛屿。
- 【高速切削】：以平行环切的同一方法粗加工内腔，但其行间过渡时采用一种平滑过渡的方法，另外在转角处也以圆角过渡，保证刀具整个路径平稳而高速。
- 【螺旋切削】：以圆形螺旋方式产生挖槽刀具路径，其结果为刀具提供了一个平滑的运动、一个短的 NC 程序和一个较好的全部清除毛坯余量的加工。

2）切削间距（直径%）。

该项用于输入粗切削间距占刀具直径的百分比，一般为 60%～75%。

3）切削间距（距离）。

该项用于直接输入粗切削间距值，与 Stepover 参数是互动关系，输入其中一个参数，另一个参数自动更新。

4）粗切角度。

该项用于输入粗切削刀具路径的切削角度。粗切角度是指切削方向与 X 轴的夹角。

5）刀具路径最佳化（避免插刀）。

选择该项，能优化挖槽刀具路径，达到最佳铣削顺序。

6）由内而外环切。

当用户选择的切削方式是旋转切削方式中的一种时，选择该项，系统从内到外逐圈切削，否则从外到内逐圈切削。

7）高速切削。

当用户选择的切削方式是高速切削时，单击此按钮，系统弹出【高速切削参数】对话框，可以进一步设置高速切削参数。

打开【切削参数】/【粗加工】/【进刀模式】对话框，有垂直下刀（关）、斜降、螺旋型三种进刀模式，如图 9-21 和图 9-22 所示，用于设置粗加工的 Z 方向下刀方式。

挖槽粗加工一般用平底铣刀，这种刀具主要用侧面刀刃切削材料，其垂直方向的切削能力很弱，若采用直接垂直下刀（不选择下刀方式），容易导致刀具损坏。

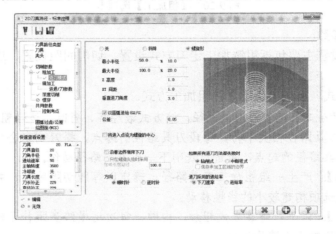

图 9-21　【螺旋形】选项

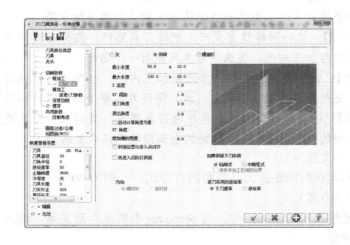

图 9-22　【斜降】选项

（2）精加工参数

在挖槽加工中可以进行一次或数次精铣加工，使最后切削轮廓成形时最后一道的切削余量相对较小而且均匀，从而达到较高的加工精度和表面加工质量。精加工参数设置如图 9-23 所示。

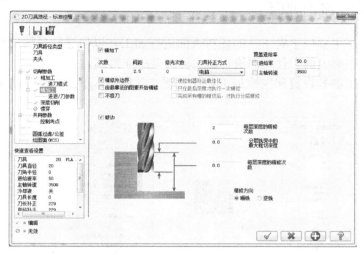

图 9-23　精加工参数设置

选中【切削参数】/【精加工】选项卡后，系统自动启动精加工方式和其相关的参数设置选项，包括精加工次数、精加工量和精加工时机等参数。

- 【次数】：输入精加工次数。
- 【间距】：输入精加工量。
- 【修光次数】：用于输入在精加工次数的基础上再增加的环切次数。
- 【刀具补正方式】：用于选择精加工的补偿方式。
- 【精修外边界】：选中该复选框，将对挖槽边界和岛屿进行精加工，否则只对岛屿进行精加工。
- 【由最靠近的图素开始精修】：选中该复选框，精加工从封闭几何图形的粗加工刀具路径终点开始。
- 【不提刀】：选择该项，刀具在切削完一层后直接进入下一层，不抬刀；否则回到参考高度再切削下一层。
- 【进给率】：用于输入精加工的进给率，否则其进给速率与粗加工相同。
- 【主轴转速】：用于输入精加工的刀具转速，否则其转速与粗加工相同。
- 【使控制器补正最佳化】：当精加工采用控制器补偿方式时，选中该复选框，可以消除小于或等于刀具半径的圆弧精加工路径。
- 【只在最后深度才执行一次精修】：当粗加工采用深度分层铣削时，选中该复选框，所有深度方向的粗加工完毕后才进行精加工，且是一次性精加工。
- 【完成所有槽的粗切后，才执行分层精修】：当粗加工采用深度分层铣削时，选中该复选框，粗加工完毕后再逐层进行精加工；否则粗加工一层后马上精加工一层。

- 【进/退刀参数】：单击此子选项卡，用户还可以设置精加工的导入/导出方式。
- 【薄壁精修】：在铣削薄壁件时，单击此选项，用户还可以设置更细致的薄壁件精加工参数，以保证薄壁件最后的精加工时不变形。

9.1.3 平面铣削加工

平面铣削加工主要用于对工件的坯料表面进行加工，以便进行后续的挖槽、钻孔等加工操作，特别是在对大的工件表面进行加工时其效率非常高。

平面铣削加工参数设置和挖槽加工参数设置非常相似，下面介绍一些不同的选项，如图 9-24 所示。

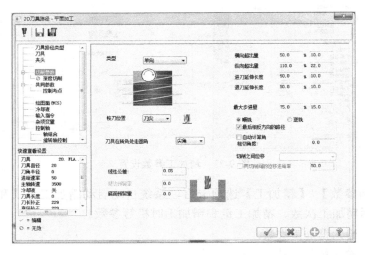

图 9-24　平面铣削加工【切削参数】选项卡

1．切削方式

平面铣削加工共有 4 种切削方式，如图 9-25 所示，下面仅介绍常用的 3 种。

- 【双向】：双向切削方式，一般采用该方式以利于提高效率。
- 【单向】：单向切削方式。
- 【一刀式】：一次性切削方式。

2．切削之间位移

平面铣削加工共有 3 种切削间移动方式：高速回圈、线性和快速进给。当切削方式为双向时，切削之间位移可选，如图 9-26 所示。

- 【高速回圈】：两切削间位移位置产生圆弧过渡的刀具路径。
- 【线性】：两切削间位移位置产生直线的刀具路径。
- 【快速进给】：两切削间位移位置以 G00 快速移动到下一切削位置。

3．刀具超出量

- 【横向超出量】：Y 方向切削刀具路径超出面铣削轮廓的量，以刀具直径百分比表示，下同。

- **【纵向超出量】**: X方向切削刀具路径超出面铣削轮廓的量。
- **【进刀延伸长度】**: 平面铣削导入切削刀具路径超出面铣削轮廓的量。
- **【退刀延伸长度】**: 平面铣削导出切削刀具路径超出面铣削轮廓的量。

平面铣削加工时，从刀具库选择刀具时必须选用面铣刀，因为切削面积更大、效率更高。

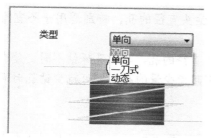 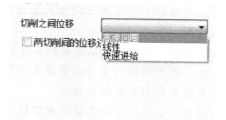

图 9-25　切削方式　　　　　　　　图 9-26　【切削之间位移】选项

9.1.4　钻孔加工

选择【刀具路径】/【钻孔】命令，弹出【选取钻孔的点】对话框如图 9-27 所示，选择点后，系统弹出如图 9-28 所示对话框。

钻孔的铣削参数包括钻孔专用参数和用户自定义参数。下面主要介绍专用的参数。

 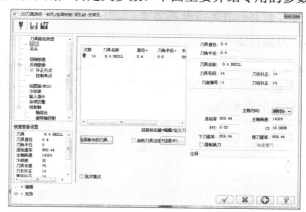

图 9-27　【选取钻孔的点】对话框　　　图 9-28　钻孔专用铣削参数设置

1．选择钻孔点

用户选择【钻孔】命令后，首先弹出如图 9-27 所示的【选取钻孔的点】对话框，所包含参数介绍如下。

- ⬛（手动选点）: 要求用户根据已存在的点、输入钻孔点坐标或捕捉几何图形上的某一点等方式来产生钻孔点。
- 自动: 系统自动选择一系列已经存在的点作为钻孔的中心点。
- 选取图素: 以图形端点为钻孔点。

- **⊞ 窗选** ：在图形上以窗口方式选择钻孔中心点。

2. 钻孔方式

系统提供了 9 种钻孔方式供用户选择，如图 9-29 所示。

- Drill/Counterbore：标准钻孔方式，主要用于钻削孔的深度小于 3 倍钻头直径的孔或用于镗沉头孔。
- 深孔啄钻：主要用于钻削孔的深度大于 3 倍钻头直径的孔，特别适用于不宜排屑的情况。
- 断屑式：主要用于钻削孔的深度大于 3 倍钻头直径的孔，与深孔啄钻不同之处在于钻头不需要退回到安全高度或参考高度，而只需回缩少量的高度，可减少钻孔时间，但其排屑能力不如深孔啄钻。
- 攻牙：主要用于攻左旋或者右旋内螺纹。
- Bore #1：该方式以设置的进给速度进刀到孔底，再以相同的速度退刀到孔表面（即进行两次镗孔），产生光滑的镗孔效果。
- Bore #2：该方式以设置的进给速度进刀到孔底，然后主轴停止旋转并快速退刀（即只进行一次镗孔），产生的镗孔效果较 1 稍差。
- Fine Bore：高级镗孔方式，以设置的进给速度进刀到孔底，然后主轴停止旋转并将刀具旋转一定角度，使刀具离开孔壁（避免快速退刀时刀具划伤孔壁），然后快速退刀；需要在 Shift 栏输入快速退刀时刀具离开孔壁的距离。
- Rigid Tapping Cycle：刚性攻牙。
- 自设循环：自定义钻孔方式。

3. 刀尖补正

刀尖补正功能用于自动调整钻削的深度至钻头前端斜角部位的长度，以作为钻头端的刀尖补正值。单击【共同参数】/【补正方式】选项卡，选中【补正方式】选项，如图 9-30 所示，设置所需参数。

图 9-29　钻孔方式

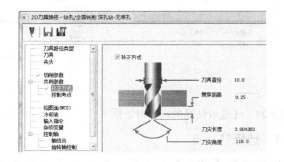

图 9-30　【补正方式】选项卡

9.1.5　雕刻加工

雕刻加工主要用于对文字及产品装饰图案进行雕刻加工，以提高产品的美观性。

雕刻加工专用的铣削参数（包括雕刻参数）如图 9-31 所示。

雕刻加工的主要参数和前面介绍的相关参数含义相同。需要注意的是，雕刻加工一般采用 V 形加工刀具，在雕刻加工模块下可直接在刀库中选择 V 形加工刀具。

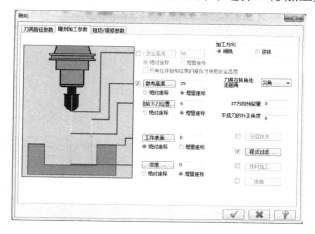

图 9-31　【雕刻】参数设置

9.2　二维综合铣削实例

本加工实例要求将毛坯顶面去除 2mm，外形加工的深度为 15mm，中心槽和环形槽深度为 10mm，开放槽的深度为 5mm，4 个 ϕ10 的孔为通孔。毛坯工件尺寸为 150mm×175mm×17mm。根据加工图形的特点、尺寸和加工要求，分别进行面铣削、外形铣削、开放槽铣削、中心槽和环形槽铣削、钻孔加工。

二维综合铣削加工图如图 9-32 所示。

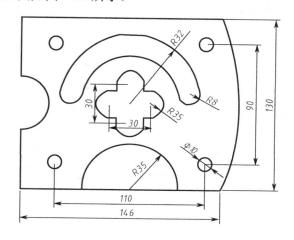

图 9-32　二维综合铣削加工图

步骤1 在菜单栏中选择【机床类型】/【铣床】/【默认】命令，选择默认的铣床系统。

步骤2 工件设置

[1] 在【操作管理】/【刀具路径】中，单击属性树节点下的【材料设置】选项，系统弹出【材料设置】选项卡，如图 9-33 所示。

[2] 在该选项卡中，设置工件坯料尺寸和素材原点如图 9-33 所示。单击【确定】按钮 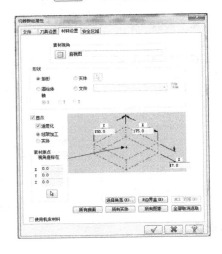，完成设置的工件毛坯如图 9-34 所示。

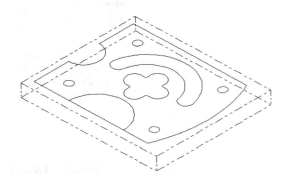

图 9-33 设置工件坯料尺寸和素材原点   图 9-34 工件毛坯图

步骤3 面铣加工

[1] 在菜单栏中选择【刀具路径】/【平面加工】命令，系统弹出【串连选项】对话框。由于已经设置好了工件毛坯，因此可以不选择加工轮廓，直接在【串连选项】对话框中单击【确定】按钮 ✓ 。

[2] 系统弹出【平面加工】对话框，在【刀具】选项卡中，选择刀具为 $\phi20$ 的平底刀，进行如图 9-35 所示设置。

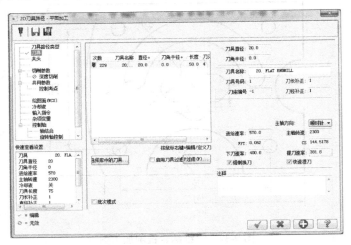

图 9-35 设置刀具参数

[3] 切换到【切削参数】选项卡，将【类型】改为"双向"，其他参数默认。

[4] 切换到【共同参数】选项卡，将【深度】改为"-2"，其他参数默认。

[5] 在【平面加工】对话框中单击【确定】按钮 ，创建平面铣削加工刀具路径如图 9-36 所示。图 9-37 为平面加工模拟效果图。

图 9-36　平面铣削加工刀具路径

图 9-37　平面加工模拟图

[6] 单击【操作管理】/【刀具路径】中 ≋ 按钮（刀具路径显示切换），将选中的平面加工操作刀具路径隐藏起来。

步骤4 外形铣削加工

[1] 在菜单栏中选择【刀具路径】/【外形铣削】命令，系统弹出【串连选项】对话框。以串连方式选择如图 9-38 所示外形，然后单击【串连选项】对话框中的【确定】按钮 ✓，系统弹出【等高外形】对话框，在【刀具】选项卡中，选择刀具，进行如图 9-39 所示设置。

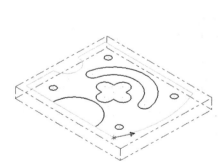

图 9-38　串连方式选择图形

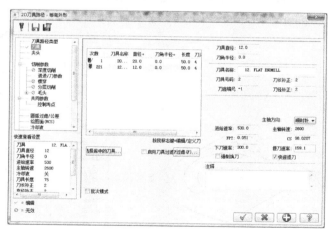

图 9-39　设置刀具参数

[2] 切换到【切削参数】选项卡，【补正方向】设置为"右补偿"，【校刀位置】设置为"中心"，其他默认。

[3] 切换到【切削参数】/【深度切削】选项卡，【最大粗切步进量】设为"5"，【精修次数】设为"1"，【精修量】设为"0.5"，其他默认。

[4] 切换到【切削参数】/【进退/刀参数】选项卡，将【长度】和【圆弧】均设为

"50"，其他默认。

[5] 切换到【切削参数】/【分层切削】选项卡，将粗加工【次数】设为"2"，精加工【次数】设为"1"，其他默认。

[6] 切换到【共同参数】选项卡，将【深度】设为"-17"，其他默认。

[7] 在【等高外形】对话框中单击【确定】按钮 ✓，创建外形铣削加工刀具路径如图 9-40 所示。图 9-41 为外形铣削模拟加工图。

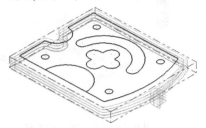 

图 9-40　外形铣削加工刀具路径　　　图 9-41　外形铣削模拟加工图

[8] 单击【操作管理】/【刀具路径】中刀具路径显示切换按钮 ≋，将选中的外形铣削加工操作刀具路径隐藏起来。

步骤5 执行打开式挖槽加工

[1] 在菜单栏中选择【刀具路径】/【标准挖槽】命令，系统弹出【串连选项】对话框，单击选中 ⬛ （单体）按钮，单击如图 9-42 所示圆弧，然后单击【确定】按钮 ✓。系统弹出【标准挖槽】对话框，在【刀具】选项卡中选定刀具，进行如图 9-43 所示刀具路径参数设置。

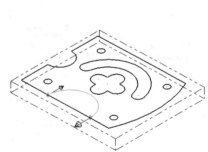

图 9-42　串连方式选择图形　　　图 9-43　刀具路径参数设置

[2] 切换到【切削参数】选项卡，将【挖槽类型】设为"打开"，其他默认。

[3] 切换到【共同参数】选项卡，将【深度】设为"-7"，其他默认。

[4] 在【标准挖槽】对话框中单击【确定】按钮 ✓，创建打开式挖槽刀具路径如图 9-44 所示，将刀具路径隐藏起来。

步骤6 标准挖槽加工

[1] 在菜单栏中选择【刀具路径】/【标准挖槽】命令，系统弹出【串连选项】对话框，以串连方式选择如图 9-45 所示的两条串连外形，然后单击【确定】按钮，系统弹出【标准挖槽】对话框。在【刀具】选项卡中选定刀具，进行如图 9-46 所示刀具路径参数设置。

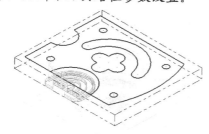

图 9-44　打开式挖槽刀具路径

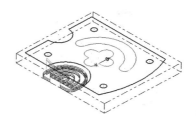

图 9-45　串连选择图形

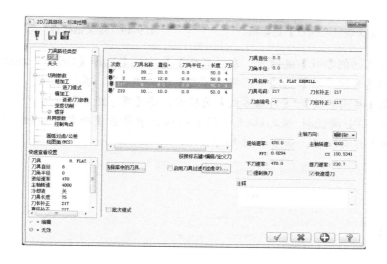

图 9-46　刀具路径参数设置

[2] 切换到【切削参数】/【粗加工】/【进刀模式】选项卡。为避免刀尖与工件毛坯表面发生瞬间剧烈的垂直碰撞，选择螺旋式下刀。

[3] 切换到【共同参数】选项卡，将【深度】设为"-12"，其他默认。

[4] 在【标准挖槽】对话框中单击【确定】按钮，创建标准挖槽刀具路径如图 9-47 所示，接着将刀具路径隐藏起来。

图 9-47　标准挖槽刀具路径

步骤7 钻孔铣削

[1] 在菜单栏中选择【刀具路径】/【钻孔】命令，系统弹出【选取钻孔的点】对话框，如图 9-48 所示。

[2] 单击 选取图素 按钮，依次选择如图 9-49 所示图形中 4 个圆，在【选取钻孔的点】

对话框中单击【确定】按钮 。

[3] 系统弹出【钻孔/全圆铣削 深孔钻-无啄钻】对话框。切换到【刀具】选项卡，选择如图 9-50 所示刀具，设置钻孔的刀具路径参数。

图 9-48　【选取钻孔的点】对话框

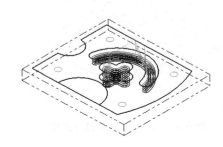

图 9-49　定义钻孔点

[4] 切换到【切削参数】选项卡，在【循环】复选框中选择【Drill/Counterbore】。

[5] 切换到【共同参数】选项卡，将【深度】设为"-17"，其他默认。

[6] 切换到【共同参数】/【补正方式】选项卡，将【贯穿距离】设为"5"，其他默认。

[7] 在【钻孔/全圆铣削 深孔钻-无啄钻】对话框中单击【确定】按钮，创建钻孔铣削加工刀具路径，如图 9-51 所示。

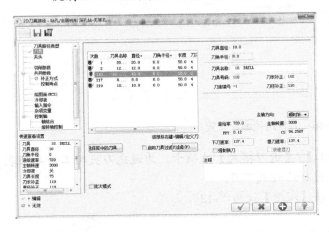

图 9-50　设置钻孔的刀具路径参数

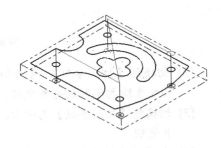

图 9-51　钻孔铣削加工刀具路径

步骤8 刀具路径管理

[1] 在刀具路径管理器的工具栏中单击 （选择所有的操作）按钮，选中所有的加工操作，【操作管理】/【刀具路径】如图 9-52 所示。

[2] 在【操作管理】/【刀具路径】中单击 （验证已选择的操作）按钮，打开【验证】对话框，设置相关选项及参数。实体加工模拟完成效果如图 9-53 所示。

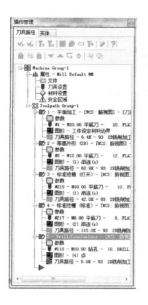

图 9-52　刀具路径管理器

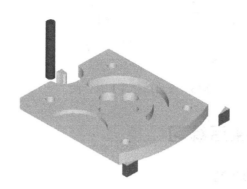

图 9-53　实体加工模拟完成效果图

[3] 在【验证】对话框中单击 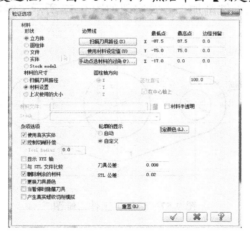【选项】按钮，打开【验证选项】对话框，选中【删除剩余的材料】复选框，如图 9-54 所示，然后单击【确定】按钮　。

图 9-54　【验证选项】对话框

[4] 在【验证】对话框中单击　按钮，开始进行加工模拟，同时系统弹出如图 9-55 所示的【拾取碎片】对话框。

[5] 在【拾取碎片】对话框中选中【保留（仅一个）】按钮，单击　拾取 (P)　按钮，在绘图区单击要保留的主体零件，然后单击【拾取碎片】对话框中的　【确定】按钮。结果如图 9-56 所示。

[6] 在【验证】对话框中单击【确定】按钮　。

[7] 执行后处理。

[8] 保存文件。

图 9-55　【拾取碎片】对话框

图 9-56　实体加工模拟效果图

9.3　课后练习

1．思考题

（1）简述二维铣削加工的特点。

（2）常用铣削方式有哪些？简述各种铣削方式的特点。

2．上机题

要求使用几种常用二维铣削加工方式实现如图 9-57 所示二维图形的加工。

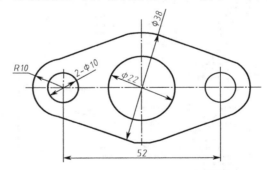

图 9-57　待加工工件二维图

第*10*章

三维曲面加工

三维曲面加工，主要用于加工曲面或实体表面等复杂型面。三维加工的特点是曲面加工在 Z 向与 XY 方向的联动，形成三维样式的刀具路径。三维曲面加工是 Mastercam X5 加工模块中的核心部分，三维曲面的加工必须要借助 Mastercam X5 强大的曲面粗/精加工功能来实现。

10.1 曲面加工的共用参数设置

Mastercam X5 的曲面加工除了包括共用刀具参数外，还包括共用曲面参数和一组特定铣削方式专用的设置参数，如图 10-1 所示。

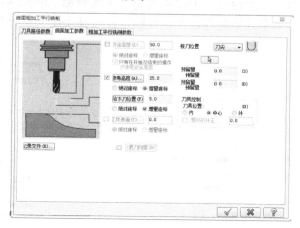

图 10-1　曲面加工共用参数设置

本节介绍曲面加工的共用参数，主要包括高度设置、进/退刀向量、刀具位置等。

（1）高度设置

高度设置包括安全高度、参考高度和进给下刀位置三个方面，含义与二维加工基本相同。需要注意的是：因为曲面加工的最后深度由曲面外形自动决定，故不需要设置。

（2）进/退刀向量

单击图 10-1 中的【进/退刀向量】按钮，用于设置曲面加工时刀具的【切入和退出方式】，系统弹出如图 10-2 所示对话框。

【进刀向量】和【退刀向量】相关参数基本相同，它们的含义如下。

- 【垂直进刀角度/提刀角度】：设置进刀和退刀的垂直角度。
- 【XY 角度】：设置进/退刀线与 X、Y 轴的相对角度。
- 【进刀引线长度/退刀引线长度】：设置进/退刀线的长度。
- 【相对于刀具】：设置进/退刀线的参考方向。选择【切削方向】时，进/退刀线所设置的参数相对于切削方向来度量；选择【刀具平面 X 轴】选项时，进/退刀线所设置的参数相对处于刀具平面的 X 轴方向来度量。
- 【向量】：单击该按钮，系统弹出【向量】对话框，用户可以输入 X、Y、Z 三个方向的向量来确定进/退刀线的长度和角度。
- 【参考线】：单击该按钮，用户可以选择存在的线段来确定进/退刀线位置、长度和角度。

（3）校刀位置

在校刀位置下拉列表框中可以选择刀具补偿的位置为刀尖（Tip）或球心（Center）。选择刀尖补偿时，产生的刀具路径显示为刀尖所走的轨迹；选择球心补偿时，产生的刀具路径显示为球心所走的轨迹。

（4）刀具路径曲面选取

单击  按钮，系统弹出如图 10-3 所示对话框，用户可以修改加工曲面、干涉曲面及边界范围。

加工曲面是指需要加工的曲面；干涉曲面是指不需要加工的曲面；边界范围是指在加工曲面的基础上再给出某个区域进行加工，目的是针对某个结构进行加工，减少空走刀，提高加工效率。

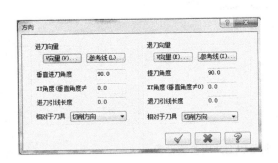

图 10-2 【切入和退出方式】对话框　　　　图 10-3 【刀具路径的曲面选取】对话框

（5）预留量设置

① 加工面预留量

该项用于设置要加工曲面的加工余量，一般在进行粗加工时需要设置。此值一般为 0.3～0.5，在精加工时的预留量一般为 0。

② 干涉面预留量

为了防止切到禁止加工的表面，就要将禁止加工的表面设置为干涉面加以保护。该选项用于设置加工刀具避开干涉面的距离，以防止刀具碰撞干涉面。

干涉检查曲面在实际加工中的应用非常广泛，比如在加工过程中加工某一部位，但该部位跟已加工部位相连接或过渡，这时就可以应用干涉检查曲面将已加工部分定义为干涉，在加工时跳过。

（6）刀具控制

刀具控制选项组用于设置刀具补偿范围，系统提供了 3 种补偿范围方式。当用户选择【内】或者【外】刀具补偿范围方式时，还可以在【额外的补正】文本框中输入补偿量。

- 【内】：刀具在加工区域的内侧切削，即切削范围就是选择的加工区域。
- 【中心】：刀具中心走加工区域的边界，即切削范围比选择的加工区域多一个刀具半径。
- 【外】：刀具在加工区域外侧切削，即切削范围比选择的加工区域多一个刀具直径。
- 【额外的补正】：输入额外的补偿量。如果需要加工范围大些，可以输入一个负的轮廓补正；反之要使加工范围小一些，可以输入一个正的轮廓补正。

10.2 曲面粗加工

在菜单栏中选择【刀具路径】/【曲面粗加工】命令，可以打开【曲面粗加工】菜单，如图 10-4 所示。曲面粗加工包括平行铣削粗加工、放射状铣削粗加工、投影铣削粗加工、流线铣削粗加工、等高外形铣削粗加工、残料铣削粗加工、挖槽铣削粗加工和钻削式铣削粗加工。

10.2.1 平行铣削粗加工

平行铣削加工产生平行的切削刀具路径，是一个简单、有效和常用的粗加工方法，适用于陡斜面或圆弧过渡曲面的加工。其专用的粗加工参数设置如图 10-5 所示。

图 10-4 【曲面粗加工】菜单

图 10-5 平行铣削粗加工参数设置

（1）整体误差

该项用于设定刀具路径的精度误差，一般为 0.025～0.2。公差值越小，加工后的曲面就越接近真实曲面，当然加工时间也就越长。

（2）切削方式

切削方式用于设置刀具在 XY 方向的走刀方式，可选择【单向】和【双向】两种方式。

- 【单向】：加工时刀具只沿一个方向进行切削，完成一行切削后抬刀返回到起始边再下刀进行下一行的切削。利用单向方式可保证所有的刀具路径统一为顺铣或逆铣，同时也容易取得更为理想的加工表面质量。
- 【双向】：刀具在完成一行切削后即转向进行下一行的切削。利用双向方式可节省抬刀时间，所以除非特殊情况，一般采用双向切削。

（3）最大 Z 轴进给

该项用于输入 Z 轴方向的下刀量，即设置两相邻切削层间的最大 Z 方向距离。进给量设置越大，生成的刀路层次越少，加工越快，加工出来的工件就越粗糙，一般为 0.5～2。

（4）最大切削间距

最大切削间距用于设置同一层中相邻切削路径间的最大进给量。该值必须小于刀具直径，一般粗加工时最大可设置为刀具直径的 75%～85%。在刀具所能承受的负荷范围内，最大切削间距越大，生成的刀具路径数目越少，加工效率越高。

（5）加工角度

该项用于设置刀具路径与刀具平面 X 轴的夹角，逆时针方向为正。

（6）下刀的控制

该项用于控制下刀和退刀时刀具在 Z 轴方向的移动方式，包括以下选项。

- 【切削路径允许连续下刀提刀】：允许刀具在切削时进行连续的提刀和下刀，适用于多重凸凹曲面的加工。
- 【单侧切削】：刀具只在曲面单侧下刀或提刀。
- 【双侧切削】：刀具只在曲面双侧下刀或提刀。

（7）定义下刀点

选中该复选框，在设置完各参数后，系统提示用户指定起始点，系统以距选取点最近的角点为刀具路径的起始点。

（8）允许沿面下降切削（–Z）/允许沿面上升切削（+Z）

- 【允许沿面下降切削（–Z）】：选中该复选框，允许刀具沿曲面下降，使切削结果更光滑，否则切削结果为阶梯状。
- 【允许沿面上升切削（+Z）】：选中该复选框，允许刀具沿曲面上升，使切削结果更光滑。

（9）切削深度

单击【切削深度】按钮，弹出【切削深度的设定】对话框，如图 10-6 所示。用户可以设置深度距离曲面顶面及底面的距离。

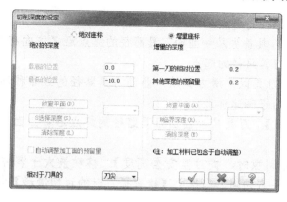

图 10-6 【切削深度的设定】对话框

在绝对坐标表示法下，用以下两个参数表示切削深度。
- 【最高的位置】：设置刀具在切削工件时，刀具上升的最高点。或者说刀具切削工件时，第一次落刀深度。
- 【最低的位置】：设置刀具路径在切削过程时，或者说刀具切削工件时，最后一次落刀深度。

在增量坐标表示下，用以下两个参数表示切削深度。
- 【第一刀的相对位置】：用于设置刀具切削工件时，工件顶面的预留量。
- 【其他深度的预留量】：用于设置刀具切削工件时，工件底部的预留量。

（10）间隙设定

间隙设定用于设置当曲面具有开口或不连续时的刀具路径连接方式。当刀具遇到大于允许间隙时，提刀移动；小于允许间隙时，系统提供 4 种刀具移动方式。

单击【间隙设定】按钮，弹出【刀具路径的间隙设置】对话框，如图 10-7 所示。

【刀具路径的间隙设置】对话框中相关参数的含义如下。

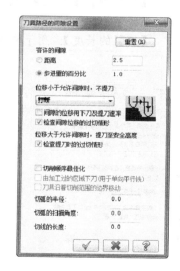

图 10-7 【刀具路径的间隙设置】

- 【重置】：单击该按钮，可重新设置该对话框中的所有选项。
- 【容许的间隙】：用于设置刀具路径的允许间隙值，包括以下两个选项。
  - 【距离】：设置刀具路径的间隙距离。
  - 【步进量的百分比】：设置间隙距离为与平面进给量的百分比。
- 【位移小于容许间隙时，不提刀】：设置当刀具的移动量小于设置的曲面允许间隙值时，刀具在不提刀情况下的移动方式，有以下 4 种方式。
  - 【直接】：刀具直接越过间隙，即刀具直接从一曲面刀具路径的终点移动到另一曲面刀具路径的起点。

- **【打断】**：刀具首先从一曲面刀具路径的终点沿 Z 方向移动，再沿 XY 方向移动到另一曲面刀具路径的起点。

- **【平滑】**：刀具以平滑方式从一曲面刀具路径的终点移动到另一曲面刀具路径的起点，适用于高速加工。

- **【沿着曲面】**：刀具从一曲面刀具路径的终点沿着曲面外形移动到另一曲面的路径的起点。

- **【位移大于容许间隙时，提刀至安全高度】**：移动量大于容许间隙，提刀到参考高度，再移动到下一点切削。当选中【检查提刀时的过切情形】复选框时，可对提刀和下刀进行过切检查。

- **【切削顺序最佳化】**：选中该复选框，刀具将分区进行切削直到某一区域所有加工完成后转入下一区域，以减少不必要的反复移动。

- **【由加工过的区域下刀】**：选中该复选框，允许刀具从加工过的区域下刀。

- **【刀具沿着切削范围的边界移动】**：选中该复选框，允许刀具以一定间隙沿边界切削，刀具沿 XY 方向移动，以确保刀具留在边界上。

- **【切弧设置】**：在曲面的边界加上一段引导圆弧，以便于提高切削的平稳性。切弧可由以下 3 个参数决定。

- **【切弧的半径】**：用于输入边界处刀具路径延伸的切弧半径，此参数要配合扫描角度使用。

- **【切弧的扫描角度】**：用于输入边界处刀具路径延伸的切弧角度，此参数要配合切弧半径使用。

- **【切弧的长度】**：用于输入边界处刀具路径延伸的切线长度。

（11）高级设置

单击【高级设置】按钮，弹出【高级设置】对话框，如图 10-8 所示。利用该对话框可以设置刀具在曲面或实体边缘处的运动方式，可设置曲面边缘角落圆角加工。

【高级设置】对话框中相关选项的含义如下。

- **【重置】**：单击该按钮，可重新设置该对话框中的所有选项。

图 10-8　【高级设置】对话框

- **【刀具在曲面（实体面）的边缘走圆角】**：设置曲面边界走圆角刀具路径的方式，包括以下 3 个选项。

  - **【自动（以图形为基础）】**：由系统根据曲面实际情况自动选择是否在曲面边缘走圆角刀具路径。

  - **【只在两曲面（实体面）之间】**：刀具只在曲面间走圆角刀具路径，即刀具从一个曲面的边界移动到另一个曲面时在边界处走圆角刀具路径。

- **【在所有的边缘】**：刀具在所有曲面边界走圆角刀具路径。

- **【尖角部分的误差（在曲面/实体面的边缘）】**：用于设置刀具切削边缘时对锐角部分的移动量容差。该值越大，产生的刀具路径越平缓。包括以下两种设置方式：

- 【距离】：通过设置一个指定距离来控制切削方向中的锐角部分。
  - 【切削方向误差的百分比】：通过设置一个公差来控制切削方向中的锐角部分。
- 【忽略实体中隐藏面的侦测】：当实体中有隐藏面时，隐藏面不产生刀具路径。
- 【检查曲面内部的锐角】：在计算刀具路径时，系统自动检查曲面内的锐角，通常要选中此复选框。

10.2.2　放射状铣削粗加工

放射状加工是指刀具绕一个旋转中心进行工件某一范围内的放射性加工，适用于圆形、边界等值或对称性工件的加工类型。其专用的粗加工参数设置如图 10-9 所示。大部分的参数设置和平行铣削粗加工相同，下面介绍不同的参数。

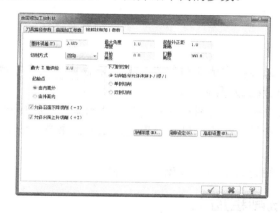

图 10-9　放射状铣削粗加工参数设置

（1）起始点
- 【由内而外】：刀具从放射状中心点向圆周切削（即由内而外切削）。
- 【由外而内】：刀具从放射状圆周向中心点切削（即由外而内切削）。

（2）最大角度增量

该项用于输入放射状切削加工两相邻刀具路径的增量角度，从而达到控制加工路径的密度。

（3）开始角度

该项用于输入放射状切削刀具路径的起始角度。

（4）扫描角度

该项用于输入放射状切削刀具路径的扫描角度，即放射状刀具路径的覆盖范围。

（5）起始补正距离

该项用于输入放射状切削刀具路径起切点与中心点的距离。

10.2.3　投影铣削粗加工

该加工方式将存在的刀具路径或几何图形投影到曲面上产生粗切削刀具路径，其专用的粗加工参数设置如图 10-10 所示。大部分的参数设置和平行铣削粗加工相同，下面介绍不同的参数。

图 10-10　投影铣削粗加工参数设置

（1）投影方式

- 【NCI】：用户可以选择右侧【原始操作】列表框内已经存在的加工操作投影到加工曲面来产生投影粗加工刀具路径。
- 【曲线】：用户可以选择几何图形投影到加工曲面来产生投影粗加工刀具路径。
- 【点】：用户可以选择存在的一组点投影到加工曲面来产生投影粗加工刀具路径。

（2）两切削间提刀

在两次投影加工之间刀具抬刀，以免产生连切。

10.2.4　流线铣削粗加工

该加工方式可以顺着曲面流线方向产生粗切削刀具路径，其专用的粗加工参数设置如图 10-11 所示。大部分的参数设置和平行铣削粗加工相同，下面介绍不同的参数。

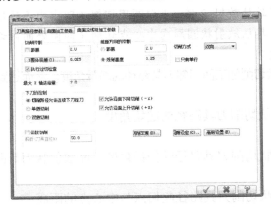

图 10-11　流线铣削粗加工参数设置

（1）切削控制

- 【距离】：用户可以输入切削方向的步进值。
- 【执行过切检查】：系统将执行过切检查。

（2）截断方向的控制

- 【距离】：用户可以输入截断方向的步进值。
- 【残脊高度】：系统以输入的残脊高度来控制截断方向的步进量。残脊高度越小，截断方向的步进量也越小。

（3）流线参数设置

单击【曲面加工参数】选项卡中的【校刀位置】中的 按钮，如图 10-12 所示，弹出【刀具路径的曲面选取】对话框，如图 10-13 所示。单击【曲面流线】按钮，弹出【曲面流线设置】对话框，如图 10-14 所示。利用该对话框可以设置刀具路径的偏移方向、切削方向、每一层刀具路径的移动方向及刀具路径的起点等。

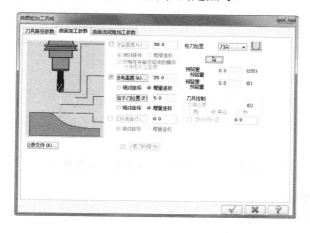

图 10-12 【曲面加工参数】对话框

【方向切换】可设置以下切换参数。

- 【补正】：用于切换曲面法向和曲面法向反方向之间刀具半径补偿方向。
- 【切削方向】：用于切换切削方向和截断方向。
- 【步进方向】：用于切换刀具路径的起始边。
- 【开始】：用于切换刀具路径的下刀点。

图 10-13 【刀具路径的曲面选取】对话框

图 10-14 【曲面流线设置】对话框

10.2.5　等高外形铣削粗加工

等高外形加工是指所产生的刀具路径在同一层高度，并且加工时工件余量不可大于刀具直径，以免造成切削不能完成。常用于加工铸造、锻造的工件，或对零件进行二次粗加工。

其专用的粗加工参数设置如图 10-15 所示。大部分的参数设置和平行铣削粗加工相同，下面介绍不同的参数。

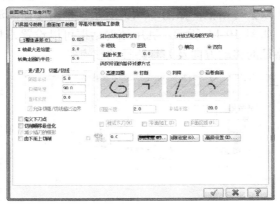

图 10-15　等高外形铣削粗加工参数设置

（1）封闭式轮廓的方向
- 【顺铣】：刀具采用顺铣削方式。
- 【逆铣】：刀具采用逆铣削方式。
- 【起始长度】：用于输入每层等高外形粗加工刀具路径起切点与系统默认起切点的距离，此功能的使用可以使每层刀具路径加入进/退刀向量，避免直接下刀。

（2）两区段间的路径过渡方式
- 【高速回圈】：刀具以平滑方式越过曲面间隙，此方式常用于高速加工。
- 【打断】：刀具以打断方式越过曲面间隙。
- 【斜降】：刀具直接越过曲面间隙。
- 【沿着曲面】：刀具以沿曲面上升或下降方式越过曲面间隙。

（3）螺旋式下刀
选中该项，将激活螺旋下刀功能。

（4）浅平面加工
选中该项，将激活浅平面切削功能。

（5）平面区域
选中该项，将激活平面切削功能。

10.2.6　残料铣削粗加工

该加工方式可以对前面加工操作留下的残料区域产生粗切削刀具路径，其专用的粗加工参数设置如图 10-16 和图 10-17 所示。其中【残料加工参数】选项卡中的参数设置和等高外形铣削粗加工参数设置基本相同，下面主要介绍【剩余材料参数】选项卡中的参数。

（1）剩余材料的计算是来自

- 【所有先前的操作】：对前面所有的加工操作进行残料计算。
- 【另一个操作】：用户可选择右侧加工操作栏中的某个加工操作进行残料计算。
- 【自设的粗加工刀具路径】：用户可以在【刀具直径】文本框输入刀具直径，在【刀角半径】文本框输入刀具圆角半径，系统将针对符合上述刀具参数的加工操作进行残料计算。
- 【STL 文件】：系统对 STL 文件进行残料计算。
- 【材料的解析度】：输入的数值将影响残料加工的质量和速度，小的数值能产生好的残料加工质量，大的数值能加快残料加工速度。

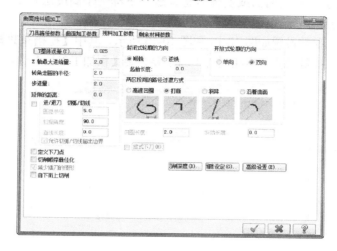

图 10-16　【残料加工参数】选项卡

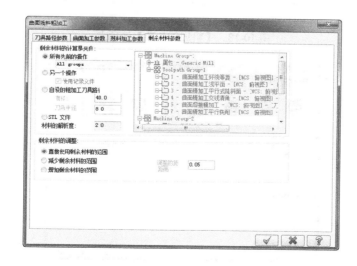

图 10-17　【剩余材料参数】选项卡

（2）剩余材料的调整

- 【直接使用剩余材料的范围】：选中该项，残料的去除以系统计算的数值为准。
- 【减少剩余材料的范围】：选中该项，将系统计算的残料范围减小到【调整的距离】文本框所输入的值。
- 【增加剩余材料的范围】：选中该项，将系统计算的残料范围扩大到【调整的距离】文本框所输入的值。

10.2.7　挖槽铣削粗加工

挖槽粗加工也称为口袋粗加工，它是一种等高方式的加工，其特征是刀具路径在同一高度内完成一层切削，遇到曲面或实体时将绕过，下降一个高度进行下一层的切削。挖槽加工在数控加工中应用广泛，用于大部分粗加工。

其专用的粗加工参数设置如图 10-18 和图 10-19 所示。其中【挖槽参数】选项卡中的参数设置和平面挖槽加工参数设置基本相同，下面主要介绍【粗加工参数】选项卡中的参数。

图 10-18　【粗加工参数】选项卡

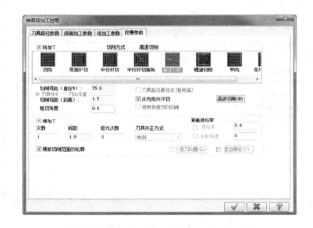

图 10-19　【挖槽参数】选项卡

- 【螺旋式下刀】: 将启动螺旋/斜线下刀方式。
- 【指定进刀点】: 系统以选择加工曲面前选择的点作为刀具路径起始点。
- 【由切削范围外下刀】: 系统从挖槽边界外下刀。
- 【下刀位置针对起始孔排序】: 系统从起始孔下刀。

10.2.8　钻削式铣削粗加工

钻削式加工是一种快速去除大量材料的加工方法，刀具进刀方式类似于钻孔加工。其专用的粗加工参数设置如图 10-20 所示。

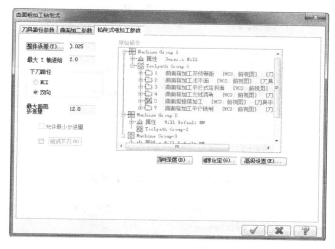

图 10-20　【钻削式铣削粗加工参数】对话框

- 【整体误差】: 输入钻削误差。
- 【最大 Z 轴进给】: 用于输入 Z 方向的钻削量。
- 【NCI】: 用户可以选择右侧的某个加工操作作为钻削刀具路径。
- 【双向】: 采用来回钻削刀具路径。
- 【最大距离步进量】: 用于输入 XY 方向的钻削进给量。

10.3　曲面精加工

在菜单栏中选择【刀具路径】/【曲面精加工】命令，如图 10-21 所示，进入【曲面精加工】菜单。曲面精加工包括平行铣削精加工、平行陡斜面精加工、放射状精加工、投影精加工、流线精加工、等高外形精加工、浅平面精加工、交线清角精加工、残料精加工、环绕等距精加工和熔接精加工。

10.3.1　平行铣削精加工

该加工方式可以产生平行的精加工刀具路径，广泛用于加工坡度不大、曲面过渡比较平缓的零件。其特有的精加工参数设置如图 10-22 所示。

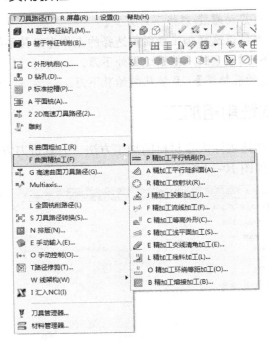

图 10-21　【曲面精加工】菜单

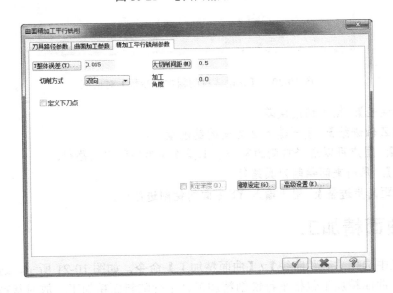

图 10-22　【精加工平行铣销参数】对话框

平行铣削精加工参数设置和平行铣削粗加工参数设置基本相同，在此不再赘述。

10.3.2　平行陡斜面精加工

陡斜面精加工产生的刀具路径是在被选择曲面的陡峭面上，主要针对较陡斜面上的残料产生精加工刀具路径。其特有的精加工参数设置如图 10-23 所示。

图 10-23 【平行陡斜面精加工参数】对话框

平行陡斜面精加工参数设置和平行精加工参数设置基本相同，其他主要参数介绍如下。

（1）切削延伸量

该参数用于延伸切削，以便于刀具能够在加工剩余材料前下刀至一个以前的加工区，切削方向延伸距离增加至刀具路径的两端，并跟随曲面的曲率。

（2）陡斜面的范围

- 【从倾斜角度】：输入计算陡斜面的起始角度，角度越小越能加工曲面的平坦部位。
- 【到倾斜角度】：输入计算陡斜面的终止角度，角度越大越能加工曲面的陡坡部位。

10.3.3 放射状精加工

该加工方式可以产生圆周形放射状精加工刀具路径，其专用的精加工参数设置如图 10-24 所示。放射状精加工参数设置和放射状粗加工参数设置基本相同，在此不再赘述。

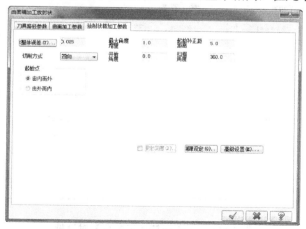

图 10-24 【放射状精加工参数】对话框

10.3.4 投影精加工

该加工方式将存在的刀具路径或几何图形投影到曲面上产生精加工刀具路径，其专用的精加工参数设置如图 10-25 所示。投影精加工参数设置和投影粗加工参数设置基本相同，在此不再赘述。

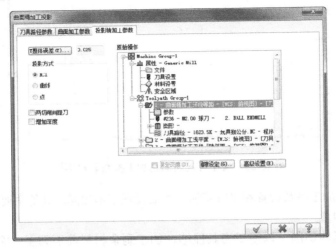

图 10-25 【投影精加工参数】对话框

10.3.5 流线精加工

该加工方式可以顺着曲面流线方向产生精加工刀具路径，其专用的精加工参数设置如图 10-26 所示。流线精加工参数设置和流线粗加工参数设置基本相同，在此不再赘述。

图 10-26 【流线精加工参数】对话框

10.3.6 等高外形精加工

等高外形精加工的刀具路径在同一高度层内围绕曲面进行加工，而后逐渐降层加工，主要用于大部分直壁或者斜度不大的侧壁的精加工。其专用的精加工参数设置如图 10-27 所示。等高外形精加工参数设置和等高外形粗加工参数设置基本相同，在此不再赘述。

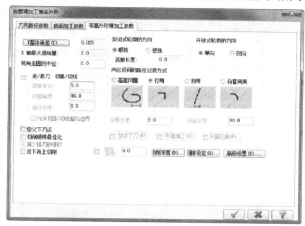

图 10-27 【等高外形精加工参数】对话框

10.3.7 浅平面精加工

浅平面精加工可以对坡度小的曲面产生精加工刀具路径，其专用的精加工参数设置对话框如图 10-28 所示

- 【从倾斜角度】：输入计算浅平面的起始角度，角度越小越能加工曲面的平坦部位。
- 【到倾斜角度】：输入计算浅平面的终止角度，角度越大越能加工曲面的陡坡部位。

  一般浅平面加工的最大倾斜角度在 45° 以下。

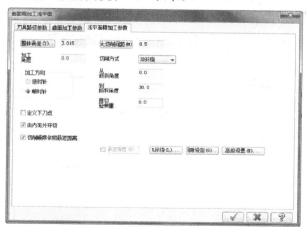

图 10-28 【浅平面精加工参数】对话框

10.3.8 交线清角精加工

交线清角精加工可以在曲面交角处产生精加工刀具路径，相当于在曲面间增加一个倒圆曲面，其专用的精加工参数设置对话框如图 10-29 所示。

- **【无】**：选中该单选按钮，只走一次交线清角刀具路径。
- **【单侧的加工次数】**：用户可以输入交线清角刀具路径的平行切削次数，以增加交线清角的切削范围，此时需要在右侧的文本框输入每次的步进量。
- **【无限制】**：对整个曲面模型走交线清角刀具路径，并需要在右侧的文本框输入步进量。

图 10-29　【交线清角精加工参数】对话框

10.3.9 残料精加工

该加工方式可以清除因前面加工刀具直径较大所残留的材料，其专用的精加工参数设置如图 10-30 和图 10-31 所示。其中【残料清角精加工参数】选项卡的参数设置和浅平面精加工参数设置类似，下面主要介绍【残料清角的材料参数】选项卡中的参数。

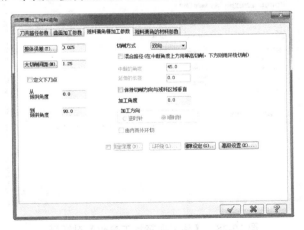

图 10-30　【残料清角精加工参数】选项卡

图 10-31　【残料清角的材料参数】选项卡

- 【粗铣刀具的刀具直径】：输入粗加工采用的刀具直径，以方便系统计算余留的残料。
- 【粗铣刀具的刀角半径】：输入粗加工刀具的圆角半径。
- 【重叠距离】：输入残料精加工的延伸量，以增加残料加工范围。

10.3.10　环绕等距精加工

环绕等距精加工在加工多个曲面零件时保持比较固定的残余高度，与曲面流线加工相似，但环绕等距允许沿着一系列不相连的曲面产生刀具路径。环绕等距精加工产生的刀具路径在平缓的曲面上及陡峭的曲面的刀间距相对较为均匀，适用于曲面的斜度变化较多的工件精加工和半精加工。其专用的精加工参数设置如图 10-32 所示。

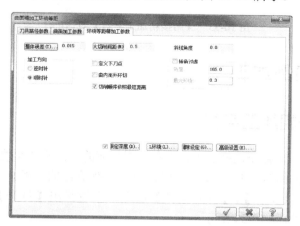

图 10-32　【环绕等距精加工参数】对话框

- 【最大切削间距】：输入环绕等距的步进值。
- 【斜线角度】：输入环绕等距的角度。
- 【定义下刀点】：环绕等距精加工采用选择的切入点。

- 【由内而外环切】：环绕等距精加工从内圈往外圈加工。
- 【切削顺序依照最短距离】：优化环绕等距精加工切削路径。

10.3.11 熔接精加工

熔接精加工是针对由两条曲线决定的区域进行切削的。熔接精加工专用的参数设置如图 10-33 所示。

- 【截断方向】：是一种二维切削方式，刀具路径是直线形式，但不一定与所选的曲线平行，非常适用于腔体的加工。此方式计算速度快，但不适用于陡面的加工。
- 【引导方向】：可选择【2D】或【3D】加工方式，刀具路径由一条曲线延伸到另一条曲线，适用于流线加工。

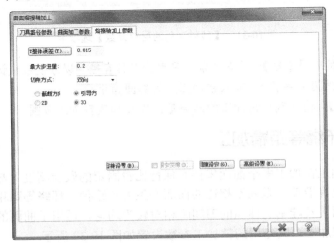

图 10-33 【熔接精加工参数】对话框

10.4 综合实例加工

10.4.1 曲面粗加工实例

在进行曲面粗加工时需要选择加工曲面和设置相应的刀具路径参数、曲面加工参数和特有的铣削参数等，各曲面粗加工方法基本类似，下面举例介绍曲面粗加工的方法及步骤。

在菜单栏中选择【文件】/【打开文件】命令，系统弹出【打开】对话框，选择已建好的曲面模型文件，如图 10-34 所示。

在菜单栏中选择【机床类型】/【铣床】/【默认】命令。设置工件毛坯，工件毛坯应该留有一点余量，接着进行相应的曲面粗加工和曲面精加工操作。选择刀具时，通常曲面精加工比曲面粗加工采用直径更小的刀具。

步骤1 设置工件毛坯

[1] 在【操作管理】/【刀具路径】中，选择【属性】/【材料设置】命令，如图 10-35

所示，系统弹出【机器群组属性】对话框。在【材料设置】选项卡中的【形状】选项组中选择【矩形】单选按钮；单击 所有图素 按钮，系统给出所有图素的工件外形尺寸，可适当修改工件高度，并设置素材原点，如图10-36所示。

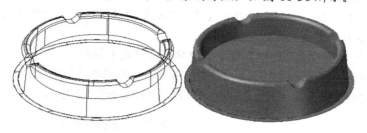

图10-34　选择已建好的曲面模型文件

图10-35　属性节点树

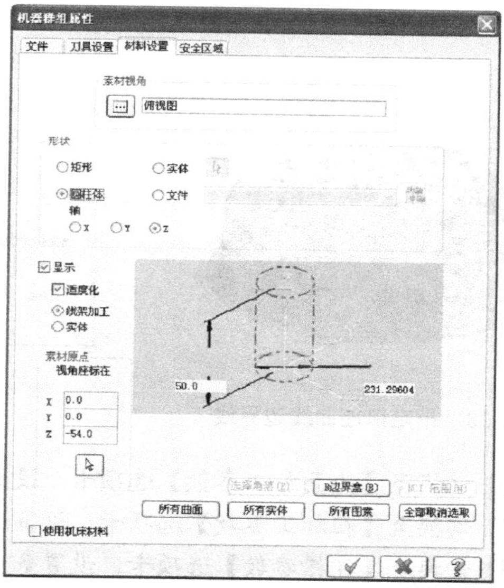

图10-36　【机器群组属性】对话框

[2] 单击【确定】按钮 ✓ ，完成工件毛坯设置后的图形效果如图10-37所示。

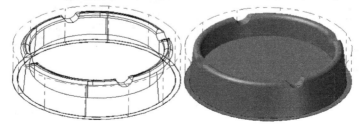

图10-37　完成设置毛坯后的效果

步骤2 挖槽粗加工

[1] 在菜单栏中选择【刀具路径】/【曲面粗加工】/【粗加工挖槽加工】命令，系统弹

出【输入新 NC 名称】对话框，输入名称，单击【确定】按钮 。

[2] 系统提示选择加工曲面，使用鼠标框选所有的曲面，按 Enter 键确认。

[3] 系统弹出【刀具路径的曲面选取】对话框，在该对话框的【边界范围】选项组中单击【确定】按钮，系统弹出【串连选项】对话框，以串连的方式选择如图 10-38 所示的曲面边界线，按 Enter 键确定。

[4] 在【刀具路径的曲面选取】对话框中单击【确定】按钮。

[5] 系统弹出【曲面粗加工挖槽】对话框。在【刀具路径参数】选项卡中单击 选择库中的刀具... 按钮，系统弹出选择刀具对话框，选取刀具并设置如图 10-39 所示参数。

图 10-38　指定串连曲线边界线

图 10-39　选取刀具并设置刀具路径参数

[6] 切换至【曲面加工参数】选项卡，设置如图 10-40 所示的曲面加工参数。

[7] 切换至【粗加工参数】选项卡，设置如图 10-41 所示的粗加工参数。

[8] 切换至【挖槽参数】选项卡，设置如图 10-42 所示的挖槽参数。

[9] 在【曲面粗加工挖槽】对话框中单击【确定】按钮，创建的曲面挖槽粗加工刀具路径如图 10-43 所示。

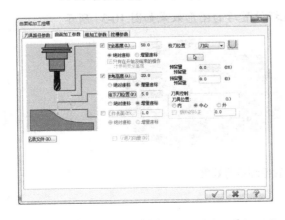

图 10-40　设置曲面加工参数

图 10-41　设置粗加工参数

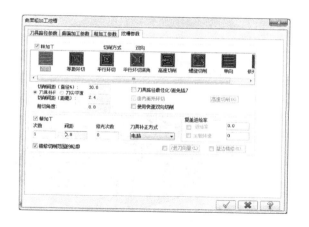

图 10-42　设置挖槽参数

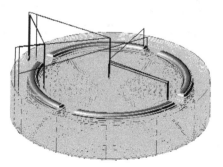

图 10-43　曲面挖槽粗加工刀具路径

10.4.2　曲面精加工实例

烟灰缸曲面粗加工结束后，进行曲面精加工。加工步骤如下。

步骤1　等高外形精加工

[1] 在菜单栏中选择【刀具路径】/【曲面精加工】/【精加工等高外形】命令。

[2] 系统提示选择加工曲面，使用鼠标框选所有的曲面，按 Enter 键确认。

[3] 系统弹出【刀具路径的曲面选取】对话框，单击【确定】按钮 ✓ 。

[4] 系统弹出【曲面精加工等高外形】对话框。在【刀具路径参数】选项卡中单击 选择库中的刀具... 按钮，系统弹出选择刀具对话框，选取刀具并设置如图 10-44 所示参数。

[5] 切换至【曲面加工参数】选项卡，设置如图 10-45 所示的曲面加工参数。

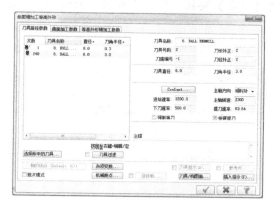

图 10-44　刀具切削路径参数

图 10-45　设置曲面加工参数

[6] 切换至【等高外形精加工参数】选项卡，设置如图 10-46 所示的等高外形精加工参数。

[7] 在【曲面精加工等高外形】对话框中，单击【确定】按钮 ✓ ，生成曲面等高外形精加工刀具路径，如图 10-47 所示。

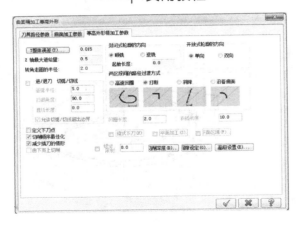

图 10-46　等高外形精加工参数　　　　图 10-47　曲面等高外形精加工刀具路径

步骤2 浅平面精加工

[1] 在菜单栏中选择【刀具路径】/【曲面精加工】/【精加工浅平面加工】命令。

[2] 系统提示选择加工曲面，使用鼠标框选所有的曲面作为加工曲面，单击【确定】按钮 ✓。

[3] 系统弹出【刀具路径的曲面选取】对话框，单击【确定】按钮 ✓。

[4] 系统弹出【曲面精加工浅平面】对话框。在【刀具路径参数】选项卡中单击 选择库中的刀具… 按钮，系统弹出选择刀具对话框，选取刀具并设置如图 10-48 所示参数。

[5] 切换至【曲面加工参数】选项卡，设置如图 10-49 所示的曲面加工参数。

[6] 切换至【浅平面精加工参数】选项卡，设置如图 10-50 所示的浅平面精加工参数。

[7] 单击【曲面精加工浅平面】对话框中的【确定】按钮 ✓，生成浅平面精加工刀具路径，如图 10-51 所示。

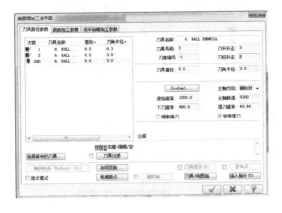

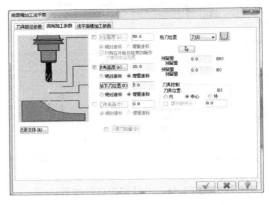

图 10-48　设置刀具路径参数　　　　图 10-49　设置曲面加工参数

步骤3 平行陡斜面精加工

[1] 在菜单栏中选择【刀具路径】/【曲面精加工】/【精加工平行式陡斜面】命令。

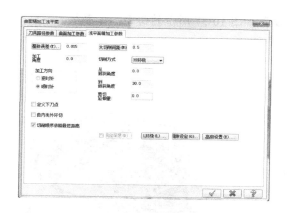

图 10-50　设置浅平面精加工参数

图 10-51　浅平面精加工刀具路径

[2] 系统提示选择加工曲面，使用鼠标框选所有的曲面作为加工曲面，单击【确定】按钮 ✓ 。

[3] 系统弹出【刀具路径的曲面选取】对话框，单击【确定】按钮 ✓ 。

[4] 系统弹出【曲面精加工平行式陡斜面】对话框。在【刀具路径参数】选项卡中单击 选择库中的刀具… 按钮，选取刀具并设置如图 10-52 所示参数。

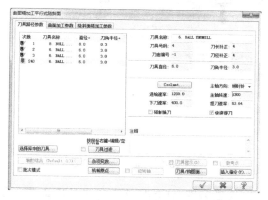

图 10-52　设置刀具路径参数

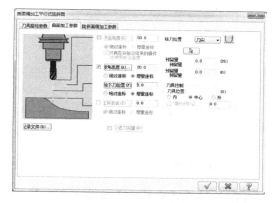

图 10-53　设置曲面加工参数

[5] 切换至【曲面加工参数】选项卡，设置如图 10-53 所示的曲面加工参数。

[6] 切换至【陡斜面精加工参数】选项卡，设置如图 10-54 所示的陡斜面精加工参数。

[7] 单击【曲面精加工平行式陡斜面】对话框中的【确定】按钮 ✓ ，生成平行陡斜面精加工刀具路径，如图 10-55 所示。

步骤4　残料清角精加工

[1] 在菜单栏中选择【刀具路径】/【曲面精加工】/【精加工残料加工】命令。

[2] 系统提示选择加工曲面，使用鼠标框选所有的曲面作为加工曲面，按 Enter 键确认。

[3] 系统弹出【刀具路径的曲面选取】对话框，单击【确定】按钮 ✓ 。

[4] 系统弹出【曲面精加工残料清角】对话框。在【刀具路径参数】选项卡中单击 选择库中的刀具… 按钮，选取刀具后，设置如图 10-56 所示参数。

[5] 切换至【曲面加工参数】选项卡，设置如图 10-57 所示的曲面加工参数。

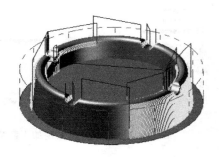

图 10-54　设置陡斜面精加工参数　　　　　图 10-55　平行陡斜面精加工刀具路径

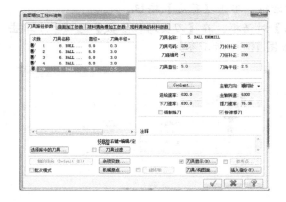

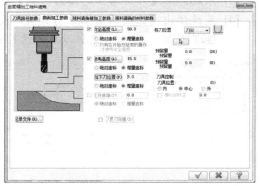

图 10-56　设置刀具路径参数　　　　　　　　图 10-57　曲面加工参数

[6] 切换至【残料清角精加工参数】选项卡，设置如图 10-58 所示的残料清角精加工
参数。

图 10-58　残料清角精加工参数

[7] 切换至【残料清角的材料参数】选项卡，设置如图 10-59 所示的参数。

[8] 单击【曲面精加工残料清角】对话框中的【确定】按钮 ✓，生成残料清角精加工刀具路径，如图 10-60 所示。

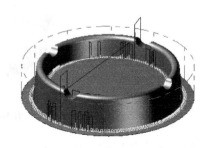

图 10-59 设置残料清角精加工参数　　　　图 10-60 曲面残料清角精加工刀具路径

步骤5 实体加工模拟验证

[1] 在【操作管理】/【刀具路径】工具栏中单击【选择所有的操作】按钮 ✓，如图 10-61 所示。

[2] 在【操作管理】/【刀具路径】工具栏中单击【验证已选择的操作】按钮 ⬢，弹出【验证】对话框，设置好相关参数后，单击 ▶ 按钮，加工模拟结果如图 10-62 所示。

[3] 单击【确定】按钮 ✓，结束加工模拟操作。

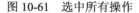

图 10-61 选中所有操作　　　　图 10-62 加工模拟效果图

10.5 课后练习

1. 思考题

（1）简述曲面加工的特点。与二维加工的不同点有哪些？

（2）曲面粗加工方式有哪些？各有什么特点？

（3）曲面精加工方式有哪些？各有什么特点？

2. 上机题

（1）要求使用曲面加工方式加工如图 10-63 所示肥皂盒。

图 10-63　肥皂盒实体效果图

（2）要求使用曲面加工方式加工如图 10-64 所示可乐瓶底。

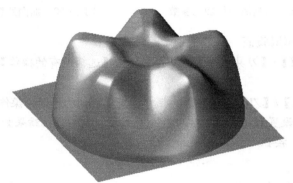

图 10-64　可乐瓶底

第 *11* 章

综合实例

Mastercam X5 是一个应用非常广泛的 CAD/CAM 软件,在前面的章节中我们列举了许多环节的应用实例,但是缺少从一开始的曲面或者实体造型到最后的数控加工的完整实例。本章我们综合运用前面所讲的知识来完成一个完整实例造型的创建和加工全过程,以便进一步掌握 Mastercam X5 的完整应用过程。

11.1 创建鼠标

综合运用实体创建及编辑命令绘制如图 11-1 所示的鼠标。

本实例步骤较多,故只讲解创建的过程,具体步骤不再赘述。

图 11-1 鼠标造型

步骤1 绘制鼠标主体

[1] 选择【绘图】/【基本曲面/实体】/【画立方体】命令,绘制一个长为 50、宽为 30、高为 30 的立方体,基准点为(0,0,0),如图 11-5(a)所示。切换到【前视图】方向,绘制一条曲线,如图 11-5(b)所示。

[2] 切换到【右视图】方向,如图 11-5(c)所示。将刚绘制的曲线复制两条到立方体的两侧,并将中间一条向上移动一点,如图 11-5(d)所示。切换到【轴测图】方向,如图 11-5(e)所示。

[3] 通过三条曲线的端点绘制第四条曲线,如图 11-5(f)所示。选择【绘图】/【曲面】/【扫描曲面】命令,利用刚才绘制的曲线,建立一个扫描曲面,如图 11-5(g)所示。注意选取截面曲线和路径曲线时,应将选择方式由"串连方式"改为"单一方式",如图 11-2 所示。

[4] 选择【实体】/【实体修剪】命令，利用刚才生成的曲面将立方体切割，如图 11-5（h）所示。隐藏曲面，如图 11-5（i）所示。

步骤2 绘制鼠标局部特征

[1] 选择【绘图】/【曲线】/【手动画曲线】命令，捕捉底面同侧的两角点绘制一条曲线（该曲线需绘制在底面上），如图 11-5（j）所示。选择【镜像】命令，捕捉前后两边线的中点为镜像轴镜像出另一侧的曲线，如图 11-5（k）所示。

[2] 选择【绘图】/【曲面】/【牵引曲面】命令，分别选择刚绘制的两条曲线，以 25 为长度，如图 11-3 所示，向上牵引生成两曲面，如图 11-5（1）所示。

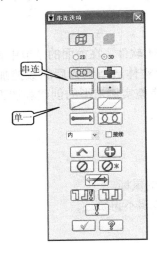

图 11-2 【串连选项】对话框   图 11-3 【牵引曲面】对话框

[3] 选择【实体】/【实体修剪】命令，利用刚才生成的两曲面将立方体切割，隐藏曲面，如图 11-5（m）所示。

[4] 选择【实体】/【倒圆角】/【实体倒圆角】命令，以半径 15 将鼠标后端两圆角倒出，以半径 10，将前端两圆角倒出，如图 11-5（n）所示。

[5] 选择【实体】/【倒圆角】/【实体倒圆角】命令，在【实体倒圆角】对话框中设置【变化半径】方式，设置默认半径为 8，然后利用【编辑】选项（如图 11-4 所示）将前面四个关键点（箭头所指）半径修改为 5，如图 11-5（o）所示，倒圆角最终效果如图 11-5（p）所示。

图 11-4 【实体倒圆角参数】对话框

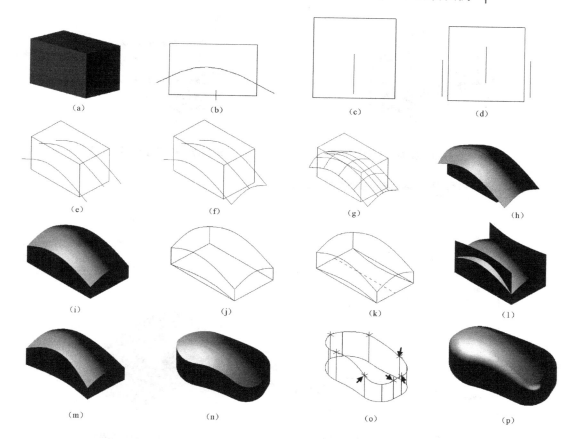

图 11-5　鼠标造型过程

11.2　鼠标凸面造型的数控加工

该实例加工拟采用四步：

- 使用 $\phi6$ 直柄球头铣刀，曲面残料粗加工去除大部分余量，预留 1.5mm 半精和精加工余量。
- 采用 $\phi3$ 直柄球头铣刀，曲面等高外形半精加工，预留 0.5mm 精加工余量。
- 采用 $\phi3$ 直柄球头铣刀，曲面等高外形精加工。
- 采用 $\phi3$ 直柄球头铣刀，曲面浅平面精加工。

[1] 切换构图面为俯视图，Z 轴深度为 0，绘制一个比鼠标底部略大的矩形平面，然后选择【绘图】/【曲面】/【修剪】/【修剪至曲线】命令，用鼠标造型的外轮廓线修剪刚生成的矩形平面，结果如图 11-6 所示。

[2] 在操作管理器中，单击【◇材料设置】图标，如图 11-7 所示。在弹出的【机械群组属性】对话框中打开【材料设置】选项卡，如图 11-8 所示，单击【所有图素】图标，以设定边界盒大小，结果如图 11-9 所示。

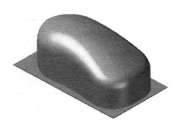

图 11-6　绘制分型面

图 11-7　选择【材料设置】

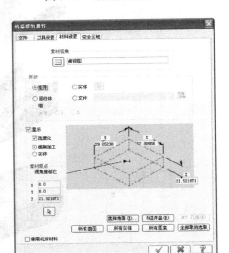

图 11-8　【机器群组属性】对话框

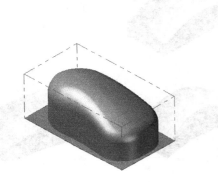

图 11-9　生成边界盒

[3] 选择【刀具路径】/【曲面粗加工】/【粗加工残料加工】命令，在弹出的【输入新
NC 名称】对话框中，输入文件名，如图 11-10 所示，单击【确定】按钮 ✓，选
取所有的加工曲面，单击【结束选择】按钮，系统弹出【刀具路径的曲面选取】
对话框，如图 11-11 所示，在【干涉曲面】选项组单击 ↘ 按钮，选择分型面作为干
涉检查面，单击【确定】按钮 ✓。

图 11-10　【输入新 NC 名称】对话框

图 11-11　【刀具路径的曲面选取】对话框

[4] 系统弹出【曲面残料粗加工】对话框，打开【刀具路径参数】选项卡，如图 11-12 所示。

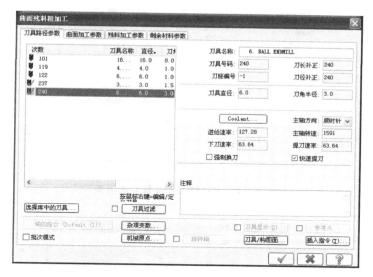

图 11-12　【曲面残料粗加工】对话框

[5] 单击【选择库中的刀具】图标，如图 11-12 所示，系统弹出【选择刀具】对话框，选择 φ6 直柄球头铣刀，单击【确定】按钮 ✓ 。

[6] 打开【曲面加工参数】选项卡，如图 11-13 所示，设置曲面加工参数；打开【残料加工参数】选项卡，如图 11-14 所示，设置残料加工参数；打开【剩余材料参数】选项卡，如图 11-15 所示，设置剩余材料参数。

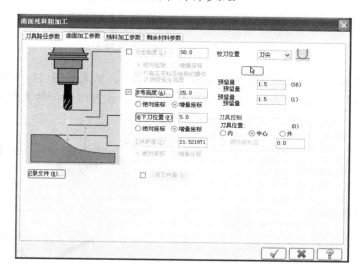

图 11-13　【曲面加工参数】选项卡

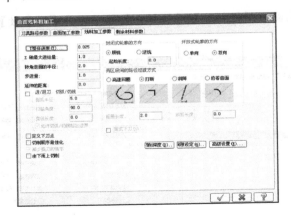

图 11-14 【残料加工参数】选项卡

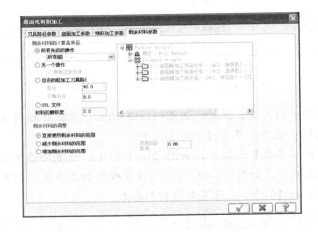

图 11-15 【剩余材料参数】选项卡

[7] 设置完上面相关参数后，系统自动计算刀具路径，结果如图 11-16 所示。单击【操作管理器】上的【验证已选择的操作】图标，就可以进行仿真加工验证了，结果如图 11-17 所示。

图 11-16 生成刀具路径

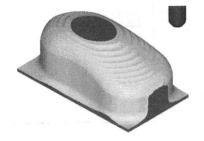

图 11-17 粗加工仿真结果

[8] 利用和前面类似的方式，调整参数设置半精加工和精加工的刀具路径生成各自的

刀具轨迹，注意适当减小 Z 轴进给量和步进量，这里不再赘述，各步骤方针结果如图 11-18 所示。

[9] 刀具切削路径经验证无误后，在操作管理器中，单击【G1】按钮执行刀具路径的后置处理，生成 G 代码，如图 11-19 所示。利用机床数控系统网络传输功能把 NC 程序装置存储中，或者使用 DNC 方式进行加工。操作前把所有刀具按照编号装入刀库，并把对刀具数存入相应位置，经过空运行等方式验证后即可加工。

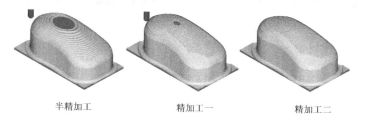

半精加工　　　　　　精加工一　　　　　　精加工二

图 11-18　加工仿真

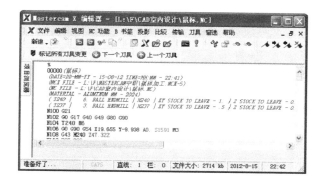

图 11-19　生成 G 代码

参 考 文 献

[1] 胡仁喜，刘昌丽，董荣荣. Mastercam 中文版 X4 4.0 标准实例教程. 北京：机械工业出版社，2010.

[2] 孙晓非，王立新，温玲娟. Mastercam X3 中文版标准教程. 北京：清华大学出版社，2010.

[3] 蒋建强. 中文 Mastercam X2 基础与进阶. 北京：机械工业出版社，2009.

[4] 段辉，刘建华，成红梅. Mastercam X5 中文版实例教程. 北京：机械工业出版社，2011.